Introduction to Hyperbolic Geometry with GeoGebra

作図で身につく
双曲幾何学

── GeoGebraで見る非ユークリッドな世界 ──

阿原一志 著

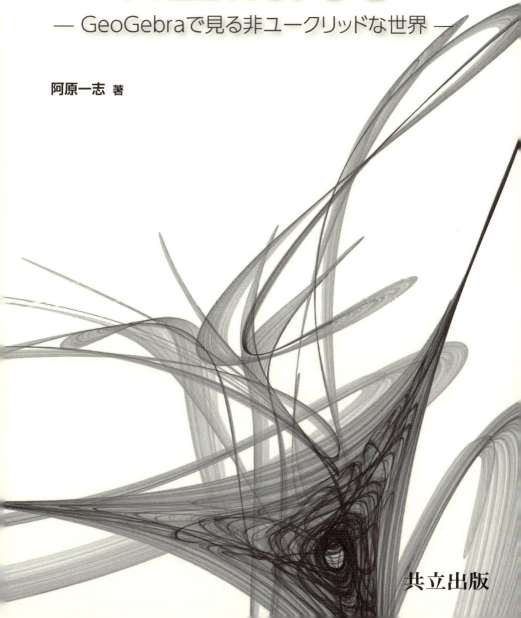

共立出版

まえがき

　本書は『計算で身につくトポロジー』の思想を引き継いで企画された双曲幾何学についての教科書である．双曲幾何学は非ユークリッド幾何学の典型的な例として 19 世紀に発見されたものだが，21 世紀の現代に到って双曲幾何学を学習するとなると，多くは「複素数と分数一次変換からの入門」[5] だったり「ミンコフスキー空間とローレンツ計量からの入門」[1][3] である．双曲幾何学の「その先」として低次元トポロジーやクライン群を見据えるならば，このような入門の仕方は実に正しい．

　そのような状況を認めた上で「素朴に面白い双曲幾何学の教科書」を計画した．双曲幾何学を「補助線」，「コンパスと定規の作図」，「平面座標」，「複素座標」という 4 つの切り口から同時並行で（しかも作図が一番偉いものとして）進めていくというのが本書のコンセプトで，「日常生活の役に立たないかもしれないが，とにかく予備知識ナシで数学をひたすら考えまくることが好き」な人のための教科書となっている．実は，同じ作図で双曲幾何学を考えるのでも，上半空間モデルでは易しく，ポアンカレディスクモデルでは難しい．本書ではあえてポアンカレディスクモデルですべての作図を試みたい．

　作図や補助線で双曲幾何学を理解しようとするその背景として，明治以降の「平面幾何学の古きよき時代」を懐かしむ意味もある．平面幾何の美学と称されることもあるが，要するに「幾何学の証明はあくまで補助線によるものが美しい」という考え方である．本書もできる限り「美しい証明」を心がけることにする．

　作図には GeoGebra を用いることにした．このことから GeoGebra の入門もかねて，インストールの仕方から基本的な使い方を解説することにした．筆者が日本で GeoGebra を広める活動に参加している立場からも，本書とあわせて GeoGebra と双曲幾何学の両方を学習していただきたく切望する．

　なお，明治大学大学院を 2016 年 3 月に修了した大西隆太さんには，本稿を精読していただき，式の誤りなども指摘していただきました．心より感謝いたします．

2016 年 4 月　　筆者

目 次

第 1 章 双曲幾何学小史 ... 1
  1.1 幾何学の芽生え ... 1
  1.2 世界観の変化と球面三角法 ... 3
  1.3 ガウス曲率 ... 5
  1.4 擬球の幾何学 ... 8
  1.5 非ユークリッド幾何学の発見 ... 10
  1.6 双曲平面のモデルたち ... 13

第 2 章 準備 ... 15
  2.1 作図ソフト GeoGebra ... 15
    2.1.1 作図ソフト GeoGebra のインストール ... 15
    2.1.2 GeoGebra のコミュニティ ... 17
    2.1.3 点を描く ... 18
    2.1.4 2 点を結ぶ直線を描く ... 19
    2.1.5 円を描く ... 20
    2.1.6 点を描く（その 2） ... 22
    2.1.7 2 点の中点を描く ... 23
    2.1.8 GeoGebra のファイルの保存・共有 ... 26
    2.1.9 垂線を描く ... 27
    2.1.10 平行線を描く ... 30
    2.1.11 接線を描く ... 32
    2.1.12 垂直二等分線を描く ... 34
    2.1.13 3 点を通る円 ... 35
  2.2 xy 座標と作図 ... 36
    2.2.1 xy 座標の点と直線と円の方程式 ... 36
    2.2.2 円 ... 37
    2.2.3 xy 座標の 2 点を結ぶ直線 ... 37

- 2.2.4 xy 座標の 2 直線の交点 38
- 2.2.5 xy 座標の平行線，垂線 38
- 2.3 複素座標と作図 39
  - 2.3.1 複素数の基礎 39
  - 2.3.2 複素数の歴史のおさらい 40
  - 2.3.3 複素数の代数構造 41
  - 2.3.4 複素座標と複素数平面 42
  - 2.3.5 複素座標の直線・円 43
  - 2.3.6 複素座標の 2 点を結ぶ直線 44
  - 2.3.7 複素座標の 2 直線の交点 45
  - 2.3.8 複素座標の平行線，垂線 45
  - 2.3.9 2 つの円のなす角 46
- 2.4 方べきの定理 47

第 3 章　円に関する反転写像　51

- 3.1 円に関する反転像 51
  - 3.1.1 反転像の定義 51
  - 3.1.2 xy 座標による反転写像 52
  - 3.1.3 複素座標による反転写像 54
  - 3.1.4 作図による反転写像 55
- 3.2 反転写像の基本性質 57
  - 3.2.1 図による証明 58
  - 3.2.2 作図による証明 59
- 3.3 連続性と全単射（やや難） 60

第 4 章　反転像に関する図形的性質　64

- 4.1 反転写像による円の像 64
  - 4.1.1 GeoGebra による観察 64
  - 4.1.2 xy 座標による証明 66
  - 4.1.3 複素座標による証明 69
- 4.2 円の反転写像による直線の像 70
  - 4.2.1 作図による確認 71
  - 4.2.2 複素座標による証明 71
- 4.3 接する 2 円の反転像は接する 72

4.4	直交する円の反転像	74
4.5	反転による角度の保存	76
4.5.1	指定された点を通り，指定された直線に接するような直交円の存在	77
4.5.2	反転写像は角度を保つ	78
4.6	反転による複比の保存	82

第 5 章　ポアンカレディスクモデル　　85

5.1	ポアンカレディスクモデル	85
5.2	双曲直線	87
5.3	双曲平行線	91
5.4	双曲角度	99

第 6 章　双曲直線の性質　　100

6.1	中心が与えられたときの双曲直線	100
6.2	異なる 2 つの理想点を通る双曲直線	102
6.3	双曲平面内の異なる 2 点を通る双曲直線	104
6.4	1 点を通り，与えられたベクトルに接する双曲直線	106
6.5	双曲直線の交点	107

第 7 章　双曲合同変換　　109

7.1	双曲直線による反転写像	109
7.2	双曲直線による反転は角度を保つ	110
7.3	双曲合同変換の定義	111
7.4	垂直二等分線	112
7.5	双曲中点の作図	116
7.6	双曲点対称の作図	117
7.7	双曲円	120
7.8	双曲円の接線	125

第 8 章　共通垂線，三角形の五心　　129

8.1	垂線と垂線の足	129
8.2	角の二等分線と垂線の長さ	131
8.3	共通垂線の作図	133
8.4	双曲三角形の五心	138
8.4.1	双曲三角形の外心	138
8.4.2	双曲三角形の内心	139

	8.4.3　双曲三角形の垂心	141
	8.4.4　双曲三角形の重心（難）	143

第 9 章　双曲長　　　　　　　　　　　　　　　　　　　146

9.1　三角形の合同 146
9.2　等距離曲線の作図 150
9.3　双曲平面の縮尺比 154
9.4　双曲長の具体的な式（難） 157
9.5　平行線角の定理（難） 160
9.6　双曲三角法（難） 163
　9.6.1　双曲三角関数 163
　9.6.2　直角三角形に関する三角法 164
　9.6.3　双曲余弦定理 168
　9.6.4　双曲正弦定理 170
　9.6.5　その他の双曲三角法 170

第 10 章　三角形の面積　　　　　　　　　　　　　　　　　173

10.1　理想三角形は互いに合同 173
10.2　3 分の 2 理想三角形 177
10.3　三角形の面積 181
10.4　三角形の面積と内角の和（難） 182

第 11 章　幾何とは何か　　　　　　　　　　　　　　　　　186

11.1　メタ幾何学へのお誘い 186
11.2　直線と長さはタマゴとニワトリの関係 187
11.3　角度から等質空間へ 189
11.4　2 つの幾何学が等しいとは 190
11.5　リーマン幾何学からのアプローチ 191
11.6　おわりに—幾何学は無矛盾か？ 193

関連図書　　　　　　　　　　　　　　　　　　　　　　　195

索　引　　　　　　　　　　　　　　　　　　　　　　　　196

第 1 章

双曲幾何学小史

本章では歴史的に起こった出来事を物語風におもしろおかしく語ることにする．史学的な裏付けはなく有名な出来事をつなぎあわせ，その中で幾何学に翻弄された人々の話を交えながら「幾何とは何か」という本書最大のテーマに向けての問題提示をするのが本章の目的である．

1.1 幾何学の芽生え

古代ギリシャの時代から，幾何学といえばユークリッドの著した『原論』のことであるとされてきた．これは 19 世紀まで続き，中世のヨーロッパにおいても幾何学は一般教養として位の高いもの誰もが学習しなければならない高貴な学問の 1 つとして君臨し続けた．

ユークリッドの原論では幾何学の基本的な前提として 5 つの公準が提示されていた．ただし以下の文言は原文からの翻訳ではなく，現代風でわかりやすいように説明し直したものである．

(第 1 公準) 任意の 2 点を直線で結ぶことができる．
(第 2 公準) 任意の有限の線分を自由に延長することができる．
(第 3 公準) 任意の点を中心とし任意の長さを半径とする円を描くことができる．
(第 4 公準) すべての直角は等しい．
(第 5 公準) 図 1.1 において，角 α と角 β が $\alpha + \beta <$ (2 直角) を満たすならば，2 直線 m, n は図の右側で交わる．

この他にもユークリッドは「a と b が等しく，b と c が等しいならば a と c は等しい」などといった推論における基本的な前提を公理として提示していたが，こちらのことは今は深入りしない．

第 1 公準から第 4 公準までは「基本的な前提」として誰もが自然に受け入れら

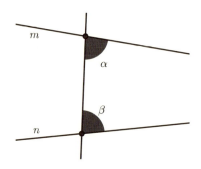

図 1.1 ユークリッドの第 5 公準

れるものだったため，特に疑問視されることはなかったが，第 5 公準はその内容が複雑であって，「基本的な前提であるにはやや不自然である」と（ユークリッドの時代の頃から）考えられたようだ．このことから，（おそらく）広く

「第 5 公準は公準としては不要であって，第 1 公準から第 4 公準までの公準で幾何学は成立しうるのではないか？」

と考えられていた．第 5 公準を「証明」しようという試みは多く行われ，第 5 公準と同値ないくつもの命題が編み出された．次の 2 つの命題はその中で最も有名なものである．

(平行線公準＝第 5 公準と同値)

直線 l と l 外の 1 点 A について，A を通る l の平行線は 1 本存在する．ただしここで平行線とは交点をもたない直線のことであるとする．

(三角形の内角公準＝第 5 公準と同値)

三角形の内角の和は 180 度と等しい．

これらは第 5 公準と同値であることは示されるのだが，第 5 公準を仮定しない幾何学でも成立しうるか？ という問いにはなかなか答えが出なかった．

後世の多くの数学者がこの謎にチャレンジした．2 世紀のアレキサンドリアの数学者プトレマイオスもこの問いかけに取り組んだことが記録に残っている．ただしプトレマイオスは結果を残すことができなかった．

18 世紀のイタリアの数学者であるランバートやサッケリもこの問題に深く取り

組んだ．サッケリ四角形やランバート四角形という図形を考え，第5公準との関連を研究した．

図 1.2　サッケリ四角形

サッケリやランバートは，「定点を通る平行線が2本以上引けるような幾何学が存在する」と仮定して矛盾を導こうと考えた．その結果，次の対応関係を導いた．

定点を通る平行線		三角形の内角和
2本以上	⇔	180° 未満
1本	⇔	180°
引けない	⇔	180° より大きい

特に，彼らは「2点を結ぶ直線が1本に限る」ことを仮定すれば，三角形の内角の和は180°以下であることまで示せた．しかし彼らの成功はここまでであった．このアプローチにより双曲幾何学を翻案するには至らなかったが，ユークリッド的ではない幾何学の存在への重要な一歩となったといえよう．

1.2　世界観の変化と球面三角法

ギリシャ時代以来，いつしか地球は平らな形ではなく球形をしているらしいと考えられるようになった．月や太陽は天空に浮いて見えるがその形は円である．月食は地球の影が月に映るものであるが，丸い影を見てとることができる．地球が球形をしているとしても不思議はない．エラトステネスが，地球の半径を推定したことは有名である．

しかし現実には地平は平らであり，どんなに長い旅をしてきた人であっても，山や谷を乗り越えるにしろ「世界の全体の形は平らであるような気がする」のであった．

ひとところにとどまって議論しても地球が丸いことを実証できないと悟った冒険家たちは，ヨーロッパから船で西に漕ぎ出せばインドや日本へ到着可能であろうと考え，実行に移す．そしてマゼラン（の艦隊）がついにヨーロッパから始めて西方向にグルリと地球を一周することに成功する．この成功により地球は球形であろうと確信されるようになった[1]．

一方で，球面の上に描かれた三角形の内角の和が 180 度を超えることは古くから知られていた．数学者たちは抽象的な計算をして次の公式を編み出した．

定理 1.1（球面三角形の内角の和） 半径 r の球面に描かれた三角形の（ラジアンを単位[2]とする）内角の和は

$$\angle A + \angle B + \angle C = \pi + \frac{\triangle ABC}{r^2}$$

である．

π ラジアンを換算すると 180 度である．とすると，右辺の $\pi + \dfrac{\triangle ABC}{r^2}$ を換算すると 180 度より大きいことになる．

演習問題 1.1 文献を調べてもよい．インターネットを調べてもよい．自分で試みてもよい．上の定理を証明してみよ．

球面三角形の内角の和に始まり，球面上の幾何学は盛んに研究され，これは「球面三角法」という名前で呼ばれるようになる．

球面三角法が極められる一方で，地図製作業者が難問に遭遇していた．全世界が球面であるとすると，いかなる場所の距離も正確に表されているような地図が作れるのか？ という疑問が解決しないのである．

木の幹を球形に切り出した地球儀を考えて，ここに小さな紙切れを貼ろうとしてみる．もし距離が正確に表されている地図が作れるとすると，その地図を紙に書いて地球儀に貼ることができるはずだからだ．すぐにわかるが，地球儀に紙切れを貼ろうとしても，皺が寄ってしまってぴったりと貼ることはできない．このことはただちに「距離が正確な地図を作ることはそもそも無理」であることを示

---

[1] もちろん，よく考えれば東西方向にグルリと回ってこられることだけから全体が球形であることを結論するのは早計だと思われるが，当時は何となくそれでよかったものと思われる．

[2] ラジアンとは**弧度法**とも呼ばれ，全周 360 度を 2π ラジアン，180 度を π ラジアンに換算する角度の単位である．

唆している．

　直観的には球面を表す地図ができそうもないということはわかるが，そのことを数学で説明できるのか？ 数学者の名誉にかかわる大問題であった．

1.3　ガウス曲率

　数学者の面目を保ったのはフレデリック・ガウス（1777–1855，ドイツ）である．地球儀の表面を球面と呼んだ上で，ガウスは球面を「曲がった面である」と考え「曲がった面がいかように曲がっているかを数値で表す」ことを試みたのだった．これがガウスによる「曲面の曲率」の考え方である．

　ガウスが明らかにしたのは「曲がった面のように見えるが実は地図が作れる」ような場合である．窓際にだらりと垂れさがったカーテンを思い浮かべてほしい．通常カーテンは一枚の布でできている．現代の布製作技術においては（少なくともカーテンの材料となるような）布とは平らな机の上に置けば平らにできるものである．ただ，カーテンとしてつるすとそこには曲がった面が現れている．

　カーテンに地図が印刷されていることを考えよう．つるされたカーテンは曲がった面を形作っているが，一方でそこに描かれた地図は平らな机の上に置けば平らな地図になる．このことは問題を非常に難しくしたのだった．多くの人が「正確な地図が作れないのは面が曲がっているからだろう」と考えた．しかしそれはカーテンの例で反証されてしまう．

　例をもう1つ挙げよう．小学校の頃に，円錐の展開図を見たことのある人も多いのではないだろうか．円錐の側面は曲がった面である．しかし展開図は平らな紙の上に描くことができる．つまり，円錐の側面は「曲がった面ではあるが，正確な地図が作れる」のである．

　ガウスが素晴らしかったのは，見た目の曲がり具合を数値化したのではなく「曲がった面の非常に小さな部分を取り出したとき，それが球面といかように似ているか」ということを数字で表したことである．これを**ガウス曲率**と呼ぶが，ガウスによる次の定理は著名である．

定理 1.2
　(1) 曲がった面が正確な地図をもつためには，ガウス曲率がいたる地点で 0 と等しいことが必要である．

(2) 半径 r の球面のガウス曲率は $\dfrac{1}{r^2}$ である．

このことは，球面が「見た目に曲がっている具合」以上に「本質的に曲がっている」ことを示唆したものであった．

演習問題 1.2 大学生以上の読者はガウス曲率の定義を調べてみるとよい．そのためには曲面論という高等な数学を学習する必要がある．

ちなみに，上に紹介したガウスの定理を正しく証明するためには専門的な数学の勉強が必要であるが，何となくわかったような気持ちになるのはそれほど大変ではない．さきほどの「地球儀に小さな紙切れを貼りつけようとしても皺ができてしまってきちんと貼ることができない」にはれっきとした理由があるのだから．

演習問題 1.3 読み進める前にその「理由」を考えてみよ．すでに紹介したことがらをうまく組み合わせて考えれば説明することができる．

数学者お得意の**背理法**でこの問題を仕留めよう．背理法を一言でいうと「結論が間違っていると仮定して論理展開すると，著しく不合理が発生する．したがって結論は正しくなければならない」という論法だ．

ここで少し脇道にそれるが，背理法について説明しておこう．数学の論理においては著しく不合理が起こることを**矛盾**[3]というのであるが，数学の中にもいろいろな種類の矛盾がありうる．一番シンプルなのは $1 = 0$ のような，ありえない等式が成立してしまうものである．

高校の数学で背理法を学ぶときには「$\sqrt{2}$ が有理数（分数）で書き表せないことを示す」という題材が選ばれる．（もしこの証明を知らない読者がいれば，読み進める前に一度調べてみることをお勧めする．）この題材のように「書き表せないことを示す」などというときに背理法は強力である．というのは「3日3晩いろいろな例を調べてみたものの書き表せないことがわかった」というのは数学としては認められない（もう1日調べれば書き表せる例が見つかるかもしれないから）からである．だからここでは背理法を用いる．結論（書き表せないこと）が間違っている（つまり書き表せてしまう）ことを仮定して，不合理が起こることを説明する方法をとるのである．書き表せてしまうことを仮定するので $\sqrt{2} = \dfrac{p}{q}$ のように式に起こすことが可能で，論理展開しやすそうな香りがするではないか！

---

[3]「ほこたて」ではない．「むじゅん」と読む．

さて，本題に戻ろう．今僕たちは「地球儀に小さな紙切れを貼りつけようとしても皺が寄ってしまってぴったり貼りつけられない」ことを説明しようとしている．実際に地球儀が目の前にあって，小さな紙切れを手にもっていると想像してみよう．試みに紙切れを地球儀にあててみる．ウム．ぴったり貼りつけることはできないようだな．実際に試してみて貼りつけられなさそうだから「貼りつけられない」と結論してよいか？

それはまずいのである．試したやり方が下手だったから貼りつけられないのかもしれない．「どうやっても貼りつけられない」ことを直接説明するには「すべてのやり方を試してみる」ことが要求されているが，すべてを実行することはしょせん無理だ．

そこで背理法で考える．「紙切れが地球儀にぴったり貼りつけられたと仮定」するのである．ここから考えて不合理を見つければよい．

そこで三角形の内角の和の話が再びもち上がる．小さな紙切れに小さな三角形を描いておけばよい．紙切れはもともとは平らなものなのだから，紙切れに描かれた三角形の内角の和は 180 度である．今，紙切れが地球儀にぴったり貼りついていると仮定しているのだが，紙切れに小さな三角形が描かれていたとすると，ぴったり貼りついたその紙切れにも小さな三角形が描かれていることになる．皺が寄らないように貼りつけたということから，その三角形も内角の和は 180 度でなければならない．ここまではいいだろうか[4]．

小さな紙切れがぴったりと地球儀に貼りついているということから，紙切れに書かれた三角形は球面三角形でなければならない．一方で，球面三角形の内角の和は先に述べたように 180 度を超えることがわかっている．同一の三角形の内角の和が「180 度である」ことと「180 度を超える」ことは同時には起こりえないので，不合理が起こっている．これは最初の「紙切れが地球儀にぴったり貼りつけることができる」という仮定が正しくなかったためである．このことから紙切れは地球儀にぴったり貼りつけることはできず，必ず皺が寄ってしまうことが説明された．

演習問題 1.4 以上の議論を自分なりにまとめて再確認せよ．

---

[4]実はこの瞬間に盛大に議論をごまかしている．紙切れをぴったり貼りつけた結果，まっすぐの辺は地球儀の上でもまっすぐだろうか？角度が変わってしまったりしないだろうか？などの不安が生じる．直観的には無論まっすぐはまっすぐで角度は変わらないものと考えられるのでそれでよいのであるが．

ガウスは地球儀の正確な地図を平面上に描けないことを数学的に証明した．地図製作者は胸をなでおろしたことだろう（それとも廃業の危機を感じてしまったかもしれない）．

1.4 擬球の幾何学

ガウスは球面三角形の問題を解決したあと，別のことを考えていた（と思われる）．ガウスの理論によれば，ガウス曲率が一定で K であるような曲がった面の上に描かれた三角形 ABC について，その内角の和は

$$\angle A + \angle B + \angle C = \pi + K \cdot \triangle ABC$$

と表されることまで証明される．（このことは**ガウスの定理**として今も有名な定理である．）半径 r の球面を考えると，ガウス曲率はいたるところ $\frac{1}{r^2}$ に等しい，すなわち $K = \frac{1}{r^2}$ であると考えられるので，$\angle A + \angle B + \angle C = \pi + \frac{1}{r^2} \triangle ABC$ となり，これは先の公式と一致する．このことはよい．

では，$K = -1$ となるような曲がった面はあるのだろうか？ そのような面の上に三角形を描いてみればまた違った角度の公式が成り立つような幾何学を考えることができるのではないだろうか．

実はガウス以前にも，このことについて考えた数学者はいたようだ．半径 r の球面のガウス曲率は $\frac{1}{r^2}$ だが，「もし半径が $\sqrt{-1}$（虚数単位）の球面を構成することができたら，新しい幾何学が作れる」と 18 世紀の数学者サッケリは言っている．

ガウスがどのように考えたかは定かではないが，彼は擬球と呼ばれる曲がった面を提案している．これはトラトリックス（牽引線）と呼ばれる平面曲線を x 軸を中心として軸回転してできる回転面である．

ガウス曲率の計算法に従って計算すると，擬球では至る所曲率が -1 であることを確かめられる．（ガウス曲率の定義を正しく理解しなければ計算できないので，残念ながらここではその計算過程は省略する．）

このことから次の命題が導かれる．（定理より 1 ランク下の定理のことを命題と呼ぶのが通例である．）

命題 1.3 擬球の上に描かれた「擬球三角形」ABC において内角の和は

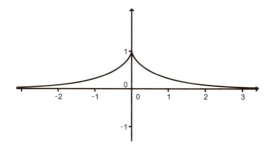

図 1.3　トラトリックス

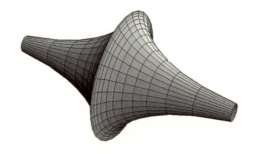

図 1.4　擬球

$$\angle A + \angle B + \angle C = \pi - \triangle ABC$$

で得られる．

　ここからガウスは「擬球幾何学」と呼ぶことができるまったく新しいタイプの幾何学の構築に成功している．（あとから述べるように，ユークリッド幾何学を根底から覆すような大発見であった．）しかし驚くべきことに，ガウスはこの世紀の大発見とも思える「新しい幾何学の発見」を公表しなかったのである．

　なぜガウスがこのことを発表しなかったのかは，本人以外知る由もないが，数学的に想像されることが 2 点ある（と筆者は思う）．1 つは「直線の延長」に関することである．擬球はラッパの吹き口のような形を 2 つ貼り合わせたようなしており，両端側は細い管が永遠に続き，中央部分では曲面が折れ曲がっている．

　確かにこの曲面の上で三角形を描けば上の擬球三角形の公式が成立することはわかるが，それでは「これは幾何なのか」という観点から考えたときにいくつか問題点があると考えられる．1 つは「面が折れ曲がっているので，曲面上の直線がいく

らでも延長できるわけではない（場合がある）」ことだ．ユークリッドの幾何学においては「直線はいくらでも延長することができる」とされており，ガウスの新しい幾何学もそのような条件のもとで構築されているものであるわけだが，具体的に曲面上の幾何学として与えようとするとこの条件を満たさなくなってしまう．

現代数学の観点からすれば，曲面のような具体的な対象がなくても抽象的に点の集合を考えることはまったく問題がないことなのであるが，1800 年頃の「数学界の輿論」を考えれば「具体的な対象をもたないようなものを幾何と呼んでもよいのか？」という否定的な論点が解決できないように思われる．

擬球自体を延長すればよいではないかと思われるかもしれないが，それはうまくいかない．擬球はまん中あたりで折れ曲がっているが，このへりは本質的なもので，「回転体でガウス曲率が -1 である」という条件を満たすようにこれ以上滑らかに延長できないことをガウスは証明もしていた．つまり，延長できない直線は，どう工夫しても延長できないのである．

もう 1 つは細い管の形をした部分である．擬球がこの形しかないとすると，細い管のあたりでの直線は自分自身と絡まり複雑な形状を呈するかもしれないことは容易に想像できる．（この点に関する数学的な考察はここではしない．そのような気がするということで先に進む．）そのこと自体が「これは幾何であるか？」という批判に耐えられないと考えるのは自然である．

それよりももっと本質的なトラブルも想像できる．球面三角法というものは幾何学として研究されてはいたが，これは立体幾何学の一種と考えられ，基本的にはユークリッドの幾何の一部分であると考えられた．つまり 1800 年頃の数学界において「幾何＝ユークリッド幾何」であって，それ以外の幾何の枠組みを提案することは，「それでも地球は回っている」と地動説を主張したガリレオ級の勇気を必要としたのではないかと推測されるのである．常識人として有名なガウスにそのような蛮勇があるとは思えないというのが筆者の感想である．

1.5　非ユークリッド幾何学の発見

1820 年頃，ロシアのロバチェフスキーやハンガリーのボリャイが「平行線が 2 本以上引けるという公準から始めて幾何学を構成できる」ことをまったく独立に証

明[5]した．ただし彼らは球面幾何学や擬球幾何学のような「曲面上の幾何学」を考えたのではなく，単に我々の目にしている平面が「平行線が 2 本引ける」という前提をもっているような幾何学世界が存在しうる」という問題を解決したのだった．

ロバチェフスキーやボリャイの論文の具体的な内容を吟味することは数学というよりは数学史の研究課題であって，数学の入門を志す読者にとってたやすいとは必ずしも言いきれない．そこで，彼らの論文の中身についてはここでは触れないこととして，もう少し歴史を下ってみよう．

この新しい幾何学は，最初に論文が発表された著者の名前をとって「ロバチェフスキー幾何学」と呼ばれた[6]．この論文は最初はロシア語で，のちにドイツ語に翻訳された．ボリャイの論文は論文雑誌に掲載されたものではなく，彼の父親の著した数学の著作である『試論』の付録として発表された．このあたりのドラマについては寺阪の『非ユークリッド幾何の世界』[6] に詳しい．

ともかくユークリッド的ではない幾何学の存在が提案され，産声を上げたのは 19 世紀前半であった．ユークリッド的ではないということから，のちには「非ユークリッド幾何学」と称されるようになった．

ロバチェフスキー幾何学はそのあと「具体的な幾何学」として再提案されることになる．これらはモデルと言われ，モデルの上では直線・角・円・面積などが独自に定められ，目に見える形で幾何学を提示することができるようになった．

いつ頃から双曲幾何学という名称が使われるようになったかは筆者は調べきれなかったが，このモデルが提案された頃からではないかと推測している．ベルトラミ（イタリア，1835–1900），クライン（ドイツ，1849–1925），ポアンカレ（フランス，1854–1912）らが双曲幾何のモデルを考案したのは 19 世紀後半の出来事である．

モデルの発見について，どうしてガウスにできなくて彼らにはできたのかということが不思議な気もする．（もちろんガウスが単に思いつかなかったからとまとめることもできようが，筆者にとっては興味あるところである．）そこにはリーマ

---

[5] 数学では，2 人以上の数学者が，互いに相談や連絡を取り合うことなく，自分の力だけで，別々に定理を証明することを**独立に証明**するという．情報が素早く広まる現代では同じ問題を多くの数学者が同時に考えることはよくあることなのでこのようなことは珍しくないが，200 年前という時代を考えると，これは一種の奇跡だったのではないか．

[6] 余談だが，ロシアの数学者はロシア人による数学発見の歴史をとても大切にしているように思われる．日本人も和算の歴史をもっと大切にしてもよいように思う．

ン（ドイツ，1826–1866）の存在があると筆者は考える．

リーマンは 1850 年代に「リーマン幾何学」というこれまでの幾何学の概念をまったく覆すような幾何学を提案した．つまり，リーマン以前[7]においては，曲面とは「実際に 3 次元空間内に描けるような目に見える曲がった面」の意味だった．ところが，リーマンは曲面に「地図帖 (atlas)」という概念を導入した．それは次のような発想である．

曲面とは，山あり谷ありの複雑な形をしているものを想定しており，ガウスの理論によれば，距離を完全に保つような地図は望むことはできない．しかし，縮尺がゆがんでもよいのならば，その地図は平らな面の上に表現することができる．地図の各地点における縮尺が一定でないことを容認することにより，地図は平らな平面の上に描かれるが，それが表現している面は全体として曲がっていることになる．（もし 1 枚の地図で表現しきれないならば，複数枚の地図をつなぎ合わせたものとして曲面全体を表すことも可能である．）

リーマンの独特の幾何学については本書では深入りしないが，読者はよくある世界地図を思い浮かべてみればよい．長方形の地図に地球全体が表現されているのだが，南極や北極のあたりの縮尺と赤道あたりの縮尺は大きく異なる．デンマーク領グリーンランドが巨大に表現されるが，実際にはオーストラリア大陸の 6 分の 1 ほどの大きさであることは有名であろう．

つまり，ガウスは「地球の長さや角度を完全に再現するような平面上の地図は作れない」ことを証明したが，リーマンは「そもそも長さや角度は犠牲にして縮尺のゆがみを容認すれば地図は作ることができる」という立場で幾何学を構成したのである．この縮尺の数学的扱いについては最後の章で改めて論ずることにする．

さて，リーマンの考え方が非ユークリッド幾何学に活かされたのがモデルという考え方である．ここでは何種類かの「双曲平面の地図」が提案されている．そのいくつかは双曲面だったり半球面だったりするが，基本的には「1 枚の地図」であって，ただし地図の中で縮尺は一定ではない．

縮尺が一定でないことから，「幾何学世界における直線が地図の上では曲がって見える」ということが起こる．もちろん縮尺の分布はきちんと式で表現できていることを前提としているので，その中での直線がどういう形をしているべきであるかは計算によって導出することが可能である．

---

[7] この言葉は現代経済史でも用いられるが，もちろん意味は異なる．

1.6 双曲平面のモデルたち

　本節ではいくつか知られている「双曲平面 = 2 次元の双曲幾何学の世界」のモデルを紹介しよう．前の節に述べたように，これらそれぞれは長さや角度をどこかしら犠牲にした地図である．この幾何学世界を双曲平面，双曲平面における直線を双曲直線，双曲平面における角度を双曲角とここでは表現することにする．

(1) ポアンカレディスクモデル
単位円板 $\{(x,y) \mid x^2+y^2<1\}$ を双曲平面とみなす．この幾何学世界における双曲直線とは，単位円周 $\{(x,y) \mid x^2+y^2=1\}$ に直交する円弧または直径のこととする．双曲角とは円弧（の接線）や直径のなす角のこととする．このように定められる幾何学世界をポアンカレディスクモデルと呼ぶ．

(2) ベルトラミモデル（上半平面モデル）
上半平面 $\{(x,y) \in \mathbb{R}^2 \mid y>0\}$ を双曲平面とみなす．この幾何学世界における双曲直線とは x 軸に直交する半円弧，または x 軸に直交する半直線のこととする．双曲角とは円弧（の接線）や半直線のなす角のこととする．このように定められる幾何学世界をベルトラミモデルと呼ぶ．

(3) クラインモデル
単位円板 $\{(x,y) \mid x^2+y^2<1\}$ を双曲平面とみなす．ここまではポアンカレディスクモデルと同じであるが，双曲直線の定義が異なる．この幾何学世界における双曲直線とは単位円板に含まれるような（ユークリッド幾何の意味での）線分のこととする．この場合は双曲角は見た目の角度ではない[8]．このあたりで「そもそも角度はどう決まっていれば幾何学世界として適正なのか」という疑問が生まれてくるかもしれない．そのことについては最終章にて謎解きをしたいと思う．

(4) 球面モデル
半径 1 の球面の北半球 $\{(x,y,z) \in \mathbb{R}^3 \mid x^2+y^2+z^2=1, z>0\}$ を双曲平面とみなす．この幾何学世界における双曲直線とは，xy 平面上に中心をもつような球面と上記北半球との交わりとして表されるような曲線のこととする．双曲角につ

---

[8] 各線分の円周上の両端を共有するような「ポアンカレ双曲直線」を作図し，そのなす角がクライン双曲角と定められる．

いては球面上における接線のなす角度として得られる．

(5) 双曲面モデル
二葉双曲面の一葉 $\{x^2+y^2-z^2=-1 \mid z>0\}$ を双曲平面とみなす．この幾何学世界における双曲直線とは原点を通る平面とこの双曲面との交わりとして表されるような曲線のこととする．双曲角についてはミンコフスキー空間としてのローレンツ計量により定義されるが，ここでは詳細は省略する．小島『多面体の現代幾何学』[3] に詳細が記述されている．

　ここで素朴な疑問を提示して本章を終わることにしよう．双曲平面のモデルたちということで 5 種類のモデルを紹介した．それぞれのモデルは双曲平面という幾何学世界を表現しているということなので，「同一の双曲幾何学」という世界を表していることになるが，そもそも幾何学が同一であるとはどういうことか？ という疑問が起きる．
　これらモデルのそれぞれは「双曲平面はこれこれ，双曲直線はこれこれ，……」という形式によって幾何学世界が定義されている（ように見える）．それらの定義が互いにつじつまが合っている保証を考えればよいのだろうか？ そのうえで 2 種類のモデルが同じ幾何学世界を表現しているということを何かしら解釈しなければいけない．このことは読者への宿題として，最後の章へ向けて読み進めながら考えていただくことにしよう．

第2章
準備

2.1 作図ソフト GeoGebra

本書では双曲幾何学の学習のために作図題を多数用意した．実際に紙と鉛筆とコンパスと定規で作図をしてもよいのだが，手軽に正確な作図ができるようなフリーソフトウエアを利用するのがよい．ここではそのようなソフトウエアのうち，GeoGebra というソフトウエアを紹介する．

GeoGebra はリンツ大の Markus Hohenwarter 教授が中心となって進めているプロジェクトで，主に学校の数学の授業を補助するようなソフトウエアとして提供されており，世界中に広くユーザーがいる．GeoGebra は大きなユーザーコミュニティがあり，コミュニティで作図の作例が多数閲覧できるようになっているのが特徴である．まずはパソコンにインストールする手順から説明しよう．

2.1.1 作図ソフト GeoGebra のインストール

まず，Internet Explorer[1]（インターネットエクスプローラ，IE）などを用いて[2]，インターネットサイト

$$\text{https://www.geogebra.org/download}$$

を開く．次ページのような画面が現れるので，パソコン・タブレット端末など，自分が使いたい環境に適合するものをクリックする．ここでは例としてウィンドウズ用のものを選んだと仮定する．

---

[1] Internet Explorer は，米国 Microsoft Corporation の，米国およびその他の国における登録商標または商標である．

[2] IE は商品名であって，一般名称はウェブブラウザということになろうが，とにかくパソコン周りのカタカナ語が苦手な人も読者の中にいると想定して，できるだけ易しく説明することを心がける．もちろん，ブラウザであれば Google Chrome などを用いても構わない．

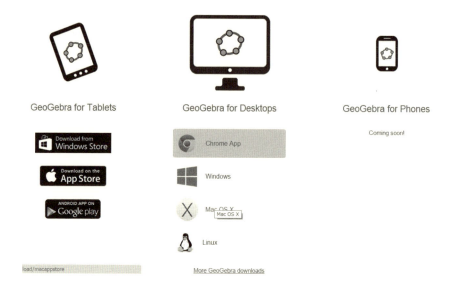

すると，おおむね次のようなメッセージが現れ，ファイルをダウンロードすることができる．

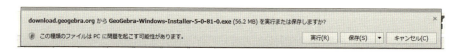

もし Google Chrome というものを使っているならば，

というような表示になる．これらの作業を通じて，いずれにしろ「インストールするためのファイル」がお手持ちのパソコンのどこかに（特に指定していなければ「ダウンロード」というフォルダに）保存されているはずである．それがこれ．

ただし 5-0-81-0 という数字の列はこのファイルのバージョンを表す数字の列であり，ダウンロードする日時により微妙に異なることが想定される．このファイルは「パソコンの管理者でなければ実行できない」タイプのものなので，もし読者自身が管理者でないようなパソコンでインストールを実行しようとしているならば，そのパソコンを管理している人に相談してインストールしてもらう必要がある．もし読者がそのパソコンの管理者ならば，ファイルを「右クリック」して「管理者として実行」を選択すれば，インストールが始まる．

他にもポータブル版というものがあり，これだと USB メモリなどにソフトウエアの実行ファイルを保存しておくことにより，簡易的に起動することが可能になる．この方法を用いれば，面倒なインストールの作業がなく便利である．筆者が試してみた範囲では，最新版を Windows Vista にインストールすることはできなかったので，ポータブル版を試してみるとよいだろう．

使用しているパソコンが Mac だったり Linux だったりする場合には，インストールのときに現れる画面も少しずつ異なる．インストールの方法がわからない場合には，コミュニティ http://community.geogebra.org/en/ へ行って，ログインしてそこで尋ねてみるのが良いだろう．

2.1.2　GeoGebra のコミュニティ

パソコンに GeoGebra をインストールすると，GeoGebra サイトのアカウントでログインするように促される．GeoGebra のアカウントをもっていると，コミュニティに参加したり，自作のファイルを公開できたりする．最初はアカウントをもっていないはずなので，自分のもっているメールアドレスなどを利用してアカウントを作ればよい．

GeoGebra は，世界中に参加者をもつような大きなコミュニティをもっており，参加者は自分の作ったファイルをネット上に公開することにより他の参加者と交流することができるようになっている．

参加者による作品は GeoGebraTube

http://tube.geogebra.org/

から見ることができる．たとえば筆者の作成したものは

http://tube.geogebra.org/aharalab

から見ることができる．コミュニティに参加すれば自分の作品をアップロードすることも可能である．次にここを見てほしい．

http://tube.geogebra.org/student/m179457

ここに見られるように，ここにアップロードされた作品は，インターネットを介して誰もが（頂点を動かすなどの操作が可能な状態で）閲覧することができるようになっている．学校のクラスにおいて，生徒向けの教材を先生が作っておけば，生徒は（GeoGebra をインストールしていない）パソコンからもその作品を見たり動かしたりすることができるのである．

2.1.3 点を描く

画面上部の絵ボタン（ や などのある部分を**ツールバー**と呼ぶ．絵ボタンのことを**アイコン**と呼ぶ．

作図 2.1 さて，GeoGebra の操作方法について解説しよう．

- 「点を描く」 モードにする．
- 好きなところにマウス[3]を置き，クリックする[4]．
- その場所に点が描かれる．

キーボードを使って座標を記入して点を描くことも可能である．

作図 2.2 下部にある「入力」という欄を探す（まずは欄を見つけてほしい）．そこに「A=(1,2)」と入力して Enter を押してみる．（大文字のエー，イコール，カッコ，いち，カンマ，に，カッコ閉じ．）すると点が描かれる．単に「(-2,1)」とだけ座標を書きこんで Enter を押してもやはり点が描かれる．この場合には自動的に名前がつけられる．

2.1.4　2 点を結ぶ直線を描く

作図 2.3 2 点を描き，その 2 点を直線で結んでみよう．

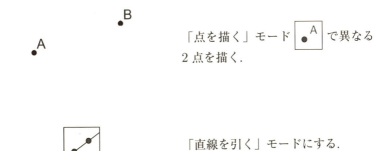

「点を描く」モード で異なる 2 点を描く．

「直線を引く」モードにする．

---

[3] パソコンの正式な用語では，画面上に表示されている「矢印状のアレ」のことをマウスカーソルと呼ぶのであるが，一般大衆はマウスと呼んでいるので，本書でもそうすることにする．

[4] タブレット端末などタッチパネルで操作する場合にはクリックのかわりに画面をタッチすればよい．

2 点を順にクリックする

2 点を結ぶ直線を描くことができる.

注意 2.1　2 点を結ぶ直線と似た機能に「半直線を描く ⬚」,「線分を描く ⬚」,「ベクトル（有向線分）を描く ⬚」がある.操作手順は同じである.

2.1.5　円を描く

ノートに円を描くにはコンパスを使うものだが，その場合の多くは「中心となる箇所に針をあてて特定の点を通るように円を描く」,「すでにある 2 点の間の距離をコンパスで測り取って，中心となる箇所に針を当てて円を描く」などの使い方をする．これらの使い方に対応するようなモードが準備されている．

作図 2.4　中心となる点に針をあて，定点を通るように円を描く．

「点を描く」モードで異なる 2 点を描く．

「円を描く」モードにする．

2点を順にクリックする．

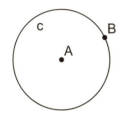1つ目を中心として2つ目の点を通るような円を描くことができる．

作図 2.5 2つ目の使い方は「すでにある2点の距離をコンパスで測り取ったのちに円を描く」方法である．

「点を描く」モードで異なる3点を描く．

「コンパス」モードにする．

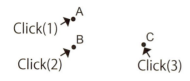

2点を順にクリックするとその2点間の距離が測り取られる．続いてもう1つの点をクリックする．

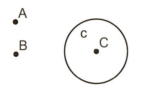

その点を中心として測り取った長さを半径とするような円を描くことができる．

2.1.6 点を描く（その2）

すでに描かれた直線・円の上に点を描いたり，交点を描いたりすることもできる．

作図 2.6

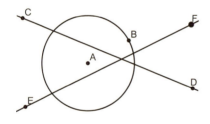

前もって円や直線を描いておく．

「点を描く」モードにする．

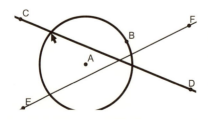

画面上の直線・円の上にマウスをもってくると直線や円が反応して太線で表示される．

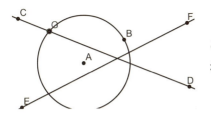

ここでクリックすると交点が追加される.

2.1.7 2点の中点を描く

2点の中点とは，2点を結ぶような線分の上にあり，2点から等距離にあるような点のことである．（座標による表示はあとで紹介する．）GeoGebra には 2点の中点を直接描くような機能があるので，それをまず紹介し，そのあとで，コンパスと定規による作図を紹介する．

作図 2.7（2点の中点その 1）

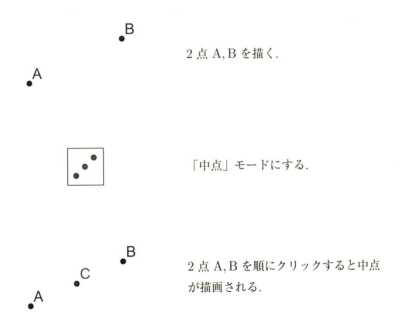

2点 A, B を描く．

「中点」モードにする．

2点 A, B を順にクリックすると中点が描画される．

作図 2.8 (2 点の中点その 1) コンパスと定規による中点の作図を行おう．

2 点を描く．点 A, B であるとしよう．

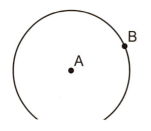

「円」モードにして，A, B の順にクリックして，中心 A で B を通るような円を描く．

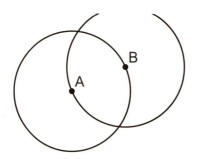

引き続き，B, A の順にクリックして，中心 B で A を通るような円を描く．

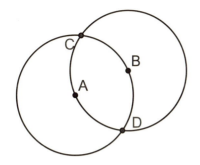

「点」モードにして，2円の交点（交点は2つある）C, D を追加する．

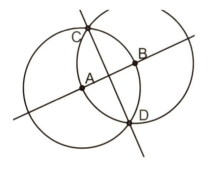

「直線」モードにして，直線 AB と直線 CD を描く．

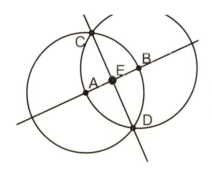

「点」モードにして，今描いた2直線の交点 E を追加する．これが線分 AB の中点である．

作図 2.8 が正しい証明.

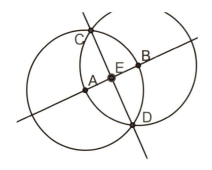

本図において，AB = AC = AD = BC = BD である．このことから特に四角形 ADBC は平行四辺形であり，∠BCE = ∠ADE である．

△ADC は二等辺三角形により ∠ADE = ∠ACE である．

このことから，CE は正三角形 CAB の内角の二等分線であり，これは AB の中点を通る．以上により E は線分 AB の中点である． □

2.1.8　GeoGebra のファイルの保存・共有

GeoGebra で作った図はいろいろな方法で保存することができる．

もっとも標準的な方法は GeoGebra ファイルというファイル形式で図を保存する方法である．これはメニューから［ファイル］，［保存］と順に選べばよい．この方法により「sample.ggb」のように .ggb が語尾についたファイルが生成される．このファイルはあとから GeoGebra で再び呼び出すことが可能である．

図 2.1　ggb ファイル保存画面

次の方法は，作図を「絵のファイル」として保存する方法である．これはメニューから［ファイル］，［エクスポート］，［グラフィックビューを画像として］

と順に選び，PNG というファイル形式で保存すれば，絵として作図を保存することができる．絵として保存したファイルは GeoGebra から読み込むことはできない．ウィンドウズであれば「ピクチャ」などのソフトで開くことができる．

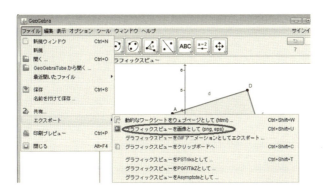

図 2.2　画像ファイル保存のためのメニューの選び方

3つ目の方法は作図をインターネット上に保存する方法である．そのためにはまず GeoGebra のフォーラムに参加している必要がある．そのうえで，［ファイル］，［エクスポート］，［動的なワークシートをウェブページとして］を順に選ぶことにより，GeoGebraTube へとファイルをアップロードする手続きに入ることができる．

ここではまず，タイトル，作図前のテキスト，作図後のテキスト[5]などの説明書きを入力し，そのあとはインターネット（ブラウザ）の上で，キーワードや対象年齢などを設定して保存する．

この方法で保存すると，GeoGebraTube にアクセスした人は誰でもそのファイルをダウンロードしたり作図を閲覧したりすることが可能になる．つまり全世界の人とファイルを共有することができるようになるのである．

2.1.9　垂線を描く

さて，基本的な作図と作図ツールについての説明を続けよう．まずはすでに書かれた直線と直交するような直線（これを垂線という）を描く方法である．

---

[5] ここでの作図前のテキストとは，ホームページで表示されるときの「図の上に表示される説明書き」の意味であり，作図後のテキストとは，「図の下に表示される説明書き」の意味である．

作図 2.9（垂線その 1） GeoGebra には垂線を描くというモードがあるので，まずそちらを紹介しよう．

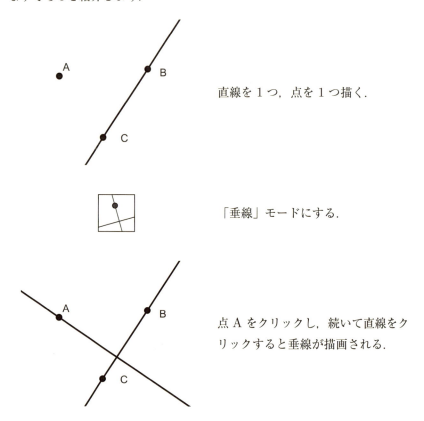

モードが準備されていれば簡単なので，すぐに使えるようになるだろう．念のため，コンパスと定規の機能だけで描けることも確認しておこう．

作図 2.10（垂線その 2）

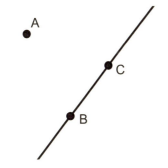

点 A と直線 BC を描く．

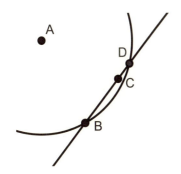

点 A を中心とし，点 B を通る円を描く．この円と直線 BC との（もう 1 つの）交点を D とする．

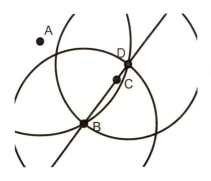

点 B を中心とし，点 D を通る円を描く．点 D を中心とし，点 B を通る円を描く．

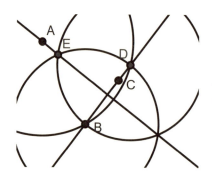

上の 2 円の交点と点 A とを結ぶ直線が求める垂線である.

演習問題 2.1 上の作図により点 A を通る垂線が得られていることを証明せよ.

2.1.10 平行線を描く

GeoGebra には「平行線を描く」というモードがあるので，この機能を使ってみよう．

作図 2.11（平行線その 1）

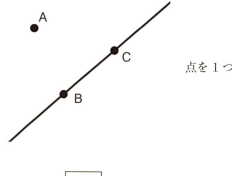

点を 1 つ，直線を 1 つ描く．

「平行線」モードにする．

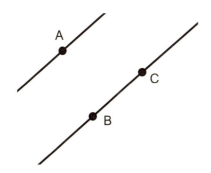

点 A をクリックし，続いて直線をクリックすると平行線が描画される．

このように，簡単に平行線を描くことができるが，もちろんこれはコンパスと定規でも作図できる．

作図 2.12（平行線その 2）

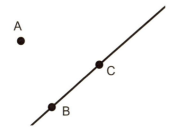

点を 1 つ，直線を 1 つ描く．

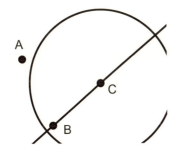

AB の長さを測って中心 C の円を描く．

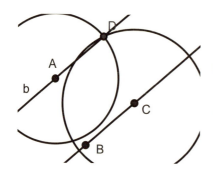

BC の長さを測って中心 A の円を描く．2 円の交点と点 A とを結べば求める平行線が得られる．

演習問題 2.2 この作図方法で平行線が得られる証明をせよ．

2.1.11　接線を描く

作図 2.13（接線その 1）

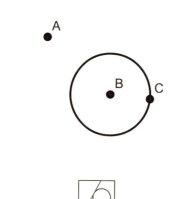

円を 1 つ，点を 1 つ描く．

「接線」モードにする．

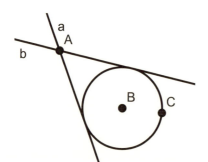

点をクリックし，続いて円をクリックすると接線が描画される．

作図 2.14 上の「接線」モードを用いずに円 C（中心 A）と円上の点 B に対して，「点 B を通り円 C に接する直線」を作図しよう．

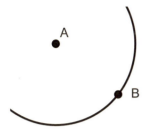

点 A を中心として点 B を通るような円を 1 つ描く．

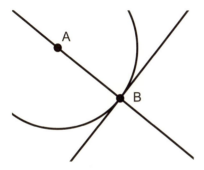

直線 AB を引き，この直線に垂直で点 B を通るような直線を描くと，それが求める接線である．

演習問題 2.3 上の作図により正しく接線が求まっていることを証明せよ．

演習問題 2.4 上の「接線」モードを用いずに，円 C（中心 A）と円外の点 B に対して，「点 B を通り円 C に接する直線」を作図せよ．

2.1.12 垂直二等分線を描く

作図 2.15（垂直二等分線その 1） GeoGebra に備わっている「垂直二等分線」モードを用いて，2 点の垂直二等分線を描くことができる．

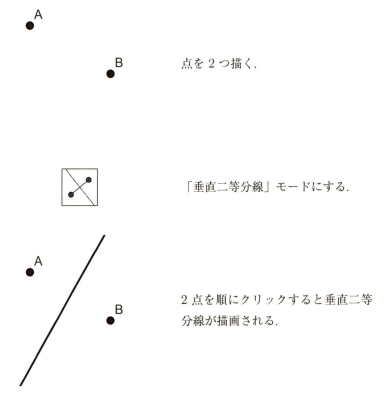

点を 2 つ描く．

「垂直二等分線」モードにする．

2 点を順にクリックすると垂直二等分線が描画される．

演習問題 2.5 上の「垂直二等分線」モードを用いずに，2 点 A, B の垂直二等分線を作図せよ．

2.1.13　3点を通る円

作図 2.16（3点を通る円その1）

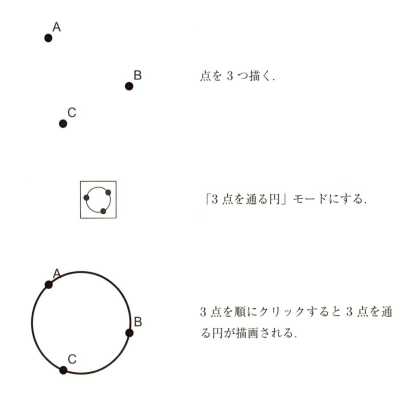

点を3つ描く．

「3点を通る円」モードにする．

3点を順にクリックすると3点を通る円が描画される．

演習問題 2.6　上の「3点を通る円」モードを用いずに，平面上の3点 A, B, C を通る円を作図せよ．この円の中心は三角形 $\triangle ABC$ のどのような点にあたるだろうか？

与えられた3点に対して，その3点を通るような円（または直線）はただ1つに定まる．これは垂直二等分線による三角形の外心の作図によっても得ることができる．上で見たように，GeoGebra にはもともと「3点を通る円の作図」という機能が備わっていることから，次章以降はこの機能を前提として話を進めることにする．

2.2 xy 座標と作図

本節では，GeoGebra で実験したいくつかの作図について，同じ問題を xy 座標で考察し，代数計算によって座標を求めることを目標とする．高校の数学の範囲ではあるが，読者は各自確認してほしい．

2.2.1 xy 座標の点と直線と円の方程式

座標平面における直線は x, y の 1 次式で与えられることは中学の数学で習った事実である．このことを次のようにまとめておく．

命題 2.2 xy 座標平面における直線は，定数 a, b, c に対して
$$\{(x, y) \mid ax + by + c = 0\}$$
という形で表される集合である．

ここでは，平面直線を「点の集まり（集合）」としてとらえた表現方法をとったが，単に $ax + by + c = 0$ が直線を表す式であると考えて差し支えない．

次は xy 座標平面における円の方程式を復習しよう．中心の座標が (x_0, y_0) であって，半径の長さが r であるような円の方程式は
$$(x - x_0)^2 + (y - y_0)^2 = r^2$$
で表される．この式は「円の上にある点 (x, y) と中心 (x_0, y_0) との距離が r と等しい」
$$\sqrt{(x - x_0)^2 + (y - y_0)^2} = r$$
という式の両辺を 2 乗したものである．さて，円の方程式を x, y の式として整理してみると次のようになる．
$$x^2 + y^2 - 2x_0 x - 2y_0 y + x_0^2 + y_0^2 - r^2 = 0$$
ここで，$-2x_0 = b, -2y_0 = c, x_0^2 + y_0^2 - r^2 = d$ と式を文字定数に置き換えてみると
$$(x^2 + y^2) + bx + cy + d = 0$$
という形に変形することができる．これ以降，この式を「円の方程式」と呼ぶことにしよう．

2.2.2　円̂

前の節で述べているように，直線の方程式と円の方程式はよく似ている．よく似ているということもできるし，円の方程式の形で (x^2+y^2) の部分が消えている場合が直線の方程式にあたるということもいうことができる．

本書ではしばしば円と直線をまとめて考える．あとの章で反転写像を考えるときには円と直線を区別しないほうが便利な場合もあるのである．正確を期すならば，そのたびごとに「円または直線」と書かなければいけないが，表記上も煩雑な感じがするし，何よりも面倒なので，これを一言で円̂と表記し「エンハット」と読むことにする．

定義 2.3　平面上の円または直線のことを円̂と呼ぶことにする．

この記号は本書独特の記法であり，一般的には通用しないことを念のため書き添えておく．もちろん作図の中では，円はコンパスで描くものであるし直線は定規で描くものであって，厳然とした区別があることは逃れられない．

2.2.3　xy 座標の 2 点を結ぶ直線

任意に与えられた平面上の異なる 2 点 $A(x_1, y_1)$, $B(x_2, y_2)$ に対して，この 2 点を結ぶ直線の式を求めよう．

命題 2.4　座標平面上の異なる 2 点 $A(x_1, y_1)$, $B(x_2, y_2)$ に対して，この 2 点を結ぶ直線の式は

$$(y_1 - y_2)x - (x_1 - x_2)y + (x_1 y_2 - x_2 y_1) = 0$$

である．

証明．　求める直線の式を $ax + by + c = 0$ とおくと，この 2 点を通ることから，

$$ax_1 + by_1 + c = 0$$
$$ax_2 + by_2 + c = 0$$

この 2 式を連立して a, b について解くと

$$a = \frac{(y_1 - y_2)c}{x_1 y_2 - x_2 y_1}$$
$$b = \frac{(-x_1 + x_2)c}{x_1 y_2 - x_2 y_1}$$

このことから，

$$a:b:c = (y_1 - y_2) : (-x_1 + x_2) : (x_1 y_2 - x_2 y_1)$$

が得られる. □

2.2.4 xy 座標の 2 直線の交点

任意に与えられた異なる 2 直線 $a_1 x + b_1 y + c_1 = 0, a_2 x + b_2 y + c_2 = 0$ の交点の座標を求めよう. ただし, 2 直線が平行なときには交点がないことになるので, その場合を除外する必要がある.

命題 2.5 座標平面上の異なる 2 直線 $a_1 x + b_1 y + c_1 = 0, a_2 x + b_2 y + c_2 = 0$ の交点は, $a_1 b_2 - a_2 b_1 \neq 0$ の場合

$$\left(\frac{-c_1 b_2 + c_2 b_1}{a_1 b_2 - a_2 b_1}, \frac{-a_1 c_2 + a_2 c_1}{a_1 b_2 - a_2 b_1} \right)$$

で与えられる.

証明. 2 つの直線を表す式 $a_1 x + b_1 y + c_1 = 0, a_2 x + b_2 y + c_2 = 0$ を x, y を未知数とみなして連立方程式として解くことにより, 交点の座標を求めることができる. その結果命題と同じ式を得ることができる. ただし, 連立方程式を解くことができるための条件が $a_1 b_2 - a_2 b_1 \neq 0$ であり, これは 2 つの直線が平行でない場合に相当する. □

2.2.5 xy 座標の平行線, 垂線

座標平面上に直線 $m : ax + by + c = 0$ と 1 点 $A(x_1, y_1)$ が与えられたとき, m に平行で A を通るような直線, m に直交して A を通るような直線を求めることができる. このことを xy 座標で求めてみよう.

命題 2.6 (1) 座標平面上の直線 $m : ax + by + c = 0$ と 1 点 $A(x_1, y_1)$ に対して, m に平行で A を通るような直線の式は

$$a(x - x_1) + b(y - y_1) = 0$$

である.

(2) 座標平面上の直線 $m : ax + by + c = 0$ と 1 点 $A(x_1, y_1)$ に対して, m に直交して A を通るような直線の式は

$$b(x - x_1) - a(y - y_1) = 0$$

である．

証明． (1) もし $b \neq 0$ を仮定すると，直線 m の式は $y = \dfrac{-ax-c}{b}$ と変形できて，これは傾き $\dfrac{-a}{b}$ の直線である．m と平行な直線は同じ傾きをもつことから，求める直線は傾き $\dfrac{-a}{b}$ で $A(x_1, y_1)$ を通るもので，その式は $y - y_1 = \dfrac{-a}{b}(x - x_1)$ であり，これを整理すると $a(x-x_1) + b(y-y_1) = 0$ を得る．もし $b = 0$ を仮定すると $a \neq 0$ でなければならず，直線 m は $ax + c = 0$ となり，y 軸に平行な直線となる．このときは求める直線も y 軸に平行な直線となり，点 (x_1, y_1) を通ることから，求める式は $x - x_1 = 0$ となり，これは命題の式に $a = 0$ を代入した式と一致する．

(2) 考え方は (1) と同じだが，m の傾きが $\dfrac{-a}{b}$ であるのにくらべて，求める直線の傾きは $\dfrac{b}{a}$ となる．残りの議論は (1) と同じように進めることができる． □

演習問題 2.7　(1) m の直線の傾きが $\dfrac{-a}{b}$ であるとき，m に直交する直線の傾きが $\dfrac{b}{a}$ であることを確認せよ．また，$a = 0$ の場合，この議論がどのようになるかをチェックせよ．

(2) 直交する直線についての証明を正確に書いてみよ．

2.3 複素座標と作図

2.3.1 複素数の基礎

定義 2.7 (複素数)　複素数とは，$a + bi$ (ただし a, b は実数) と表される数のことである．ここで i は虚数単位と呼ばれる数であって，$i^2 = -1$ という性質をもつ数であるとする[6]．

---

[6] 虚数単位は $i^2 = -1$ という代数的な性質を反映させるものとして $\sqrt{-1}$ と表記されることも多い．i はそのまま「愛」と区別なく発音され，ダジャレ好きの大人たちの餌食になることは避けられない．

本書では複素数を表す変数として z を用い，点の座標や定数として ξ（クシー），η（イータ），ζ（ゼータ），μ（ミュー）などのギリシャ文字を用いることにする[7]．$\xi = a+bi$ などのように表記することにするが，この場合はいちいち断らなくても a,b などは実数であるとする．（つまり文字定数を扱う場合には，文字の種類によって複素数であるか実数であるかを区別することにする．）紛らわしい状況が発生した場合には改めて確認をすることにする．

定義 2.8（実部・虚部） 複素数 $\xi = a+bi$ に対して，a を ξ の**実部**，b を ξ の**虚部**と呼ぶ．

2.3.2 複素数の歴史のおさらい

本項では複素数の歴史の概略を述べる．ただし数学史として厳密に歴史を追うのではなく，関係のありそうなことがらを物語風に並べるだけである．

そもそも，2 次方程式 $ax^2+bx+c=0$ の解の公式 $x = \dfrac{-b \pm \sqrt{b^2-4ac}}{2a}$ を考える際に「ルートの中がマイナスの数だったら解をどのように考えるか」という問題意識から複素数は考え出されたと言ってよい．実数に解をもたないような 2 次方程式は無数にあることを考えると，「実数（これまで数と思っていたもの）をどのくらい増やせば（数の概念を広げれば）よいか」という素朴な問いに的確に答えるのは容易ではない（かもしれない）．

先人たちは試行錯誤の結果「実数以外の数 $i = \sqrt{-1}$ を 1 つ増やせば，2 次方程式の解はすべて（i を含んで表される数として）表記できる」ことを発見した．それが複素数の始まりである．複素数を「虚数」と呼んだのは 17 世紀のデカルトであると言われている[8]．

もっとも，それで十分なのか，3 次方程式，4 次方程式の解を考えるとさらにもっと数を増やして数の概念を広げなければいけないのかという問題は，最初はわかっていなかった．3 次方程式・4 次方程式の解の公式はデカルトに先立って 16 世紀のイタリアでカルダノらによって知られていたが，解をすべて複素数の範囲で求められるかどうかはわかっていなかったのだった．

この問題に決着をつけたのは 19 世紀初頭に活躍したガウス（1777–1855，ドイ

---

[7] これらの文字は覚えにくいし書きにくいと不評であるが，読者は頑張って覚えてもらいたい．
[8] 原語はフランス語で虚数はその和訳である．

ツ) であった．彼は任意の n 次方程式について，その方程式の解は（重複も含めて）n 個の複素数で得られることを「証明」した．（このことは複素数を係数とする n 次方程式についても正しいことが示された．）この数学的性質は**代数学の基本定理**と呼ばれている．

このようにして，虚数単位 i を伴った複素数という数の集まりは代数学において非常に収まりのよい数の集合として重要視されたわけであるが，実は代数学にとどまらず解析学，幾何学においても複素数を利用して考えることの有用性が 19 世紀の初頭からコーシーやポアンカレ（他多数の数学者）の功績により発見されていった．本書においても複素数による計算を通した双曲幾何学も並行して考えていくことにする．

2.3.3　複素数の代数構造

本項では，複素数の計算の方法について説明する．

命題 2.9（複素数の和・積）　複素数の四則は次の式で得られる．

$$(a+bi)+(c+di)=(a+c)+(b+d)i$$
$$(a+bi)-(c+di)=(a-c)+(b-d)i$$
$$(a+bi)\cdot(c+di)=(ac-bd)+(ad+bc)i$$
$$\frac{a+bi}{c+di}=\frac{(ac+bd)+(-ad+bc)i}{c^2+d^2}$$

虚数単位 i が代数的等式 $i^2=-1$ を満たすものだと決めてしまえば，上にあげた和や積を導出することができると考えることが可能である．

演習問題 2.8　実際に上の公式を導出してみよ．

複素数に関する別の定義の流儀もあり，そこでは上の四則の公式こそが「複素数の計算ルールの定義」であるとしている．それはそれで構わないことなので，そちらのほうがしっくりくる読者はそのように考えればよい．

定義 2.10（複素数の共役・絶対値）　(1) 複素数 $\xi=a+bi$ (a,b は実数) に対して，**共役複素数**を $\overline{\xi}=a-bi$ で表す．これはすなわち複素数の虚部の符号を変えたものであるということもできる．

(2) 複素数 $\xi=a+bi$ (a,b は実数) に対して，**絶対値**を $|\xi|=\sqrt{a^2+b^2}$ で表す．これは，複素数 ξ を（後述する）複素数平面で考えたときに，原

点とのユークリッド距離を表している[9]).

共役の記号を使うと,実部・虚部・絶対値を表す公式が得られる.

命題 2.11 (1) 複素数の実部は $\dfrac{\xi+\bar{\xi}}{2}$ で表され,虚部は $\dfrac{\xi-\bar{\xi}}{2i}$ で表される.

(2) 複素数の絶対値について $|\xi|=\sqrt{\xi\bar{\xi}}$ が成り立つ.

演習問題 2.9 $\xi=a+bi$ とおいて上の公式を導出せよ.

複素共役の計算はこれからも多数現れるので基本的な計算公式について確認しておこう.

命題 2.12

(1) $$\overline{\xi+\zeta}=\bar{\xi}+\bar{\zeta}$$

(2) $$\overline{\xi\zeta}=\bar{\xi}\cdot\bar{\zeta}$$

(3) $$\overline{\left(\dfrac{\xi}{\zeta}\right)}=\dfrac{(\bar{\xi})}{(\bar{\zeta})}$$

(4) $$|\xi-\zeta|^2=|\xi|^2+|\zeta|^2-(\bar{\xi}\zeta+\xi\bar{\zeta})$$

演習問題 2.10 $\xi=a+bi, \zeta=c+di$ とおいて,上の公式を検算してみよ.

2.3.4 複素座標と複素数平面

複素数の集合を平面と対応づけることができる.この考え方はガウスによって導入されたものであり,複素数平面と呼ばれる[10]).複素数 $z=x+yi$ と xy 座標平面の点 (x,y) とを対応させ,座標平面上で複素数を考える方法である.たとえば,実数 1 は点 $(1,0)$ に,虚数単位 i は点 $(0,1)$ に対応する.

今,我々は xy 座標平面の上での幾何学を考えようとしている.座標平面上の点 (x,y) を複素数 $x+yi$ で考えることにより,平面上の幾何学を複素数という観点から解釈することを試みてみよう.そのために,平面上の点 A の複素座標を

---

[9])ユークリッド距離(またはユークリッド長)とは,私たちが通常考えている 2 点間の距離のことである.本書は双曲幾何学を取り扱っており,あとのほうでは双曲距離というものも出てくる.このことからただ距離とだけ言うと紛らわしいので,区別するためにあえてユークリッド距離(またはユークリッド長)と言うのである.

[10])一定世代より上の読者は高等学校で**複素平面**と習った記憶があるだろう.時代とともに用語も変化する一例である.

A(ξ) であると書くことにする．この記号の意味は，点 A の座標が (a,b) であったときに，$\xi = a + bi$ という複素数を考えるということである．

2.3.5 複素座標の直線・円

複素座標においては，直線は次の式で表される．ただしここで λ（ラムダ）は複素数の定数であり，c は実数の定数である．

$$\overline{\lambda}z + \lambda\overline{z} + c = 0$$

「直線を複素数の式で表す」という考え方になれるまで，少し難しく感じるかもしれない．集合の記号を使って書けば，

$$\{z \in \{\text{ 複素数 }\} \mid \overline{\lambda}z + \lambda\overline{z} + c = 0\}$$

ということになる．それでもまだわかりにくいと感じるかもしれない読者のために，複素数平面の点 $z = x + yi$ を座標平面の点 (x,y) に対応させたとして，$\overline{\lambda}z + \lambda\overline{z} + c = 0$ を xy 座標平面の言葉で書き直してみよう．

λ は複素数の定数ということなので，これを $\lambda = a + bi$ とおく．こうすると，$\overline{\lambda}z + \lambda\overline{z} + c = 0$ は

$$(a - bi)(x + yi) + (a + bi)(x - yi) + c = 0$$
$$(ax + by + ax + by + c) + (ay - bx + xb - ya)i = 0$$
$$(2a)x + (2b)y + c = 0$$

（係数の a, b のところが $2a, 2b$ となってはいるが）これはまさしく直線を表す式であることがわかると思う．

また円は次の式で表される．ただしここで λ は複素数の定数であり，c は実数の定数である．

$$|z|^2 + \overline{\lambda}z + \lambda\overline{z} + c = 0$$

この式は次のように解釈できる．円の方程式を 36 ページのように $x^2 + y^2 + ax + by + c = 0$ と書き表すことができる．つまり円の方程式とは直線の方程式に $x^2 + y^2$ という部分を追加したものであると考える．さて今，$z = x + yi$ とおいたとすると，

$$|z|^2 = (x + yi)(x - yi) = x^2 + y^2$$

である．このことから，直線の式 $\overline{\lambda}z + \lambda\overline{z} + c = 0$ に $x^2 + y^2 = |z|^2$ を追加した式 $|z|^2 + \overline{\lambda}z + \lambda\overline{z} + c = 0$ は円の方程式であることが示される．

このことを中心と半径を使ってもう一度考察してみよう．中心の複素座標が $\mathrm{O}(\xi)$ であって，半径が r であるような円の方程式を立ててみよう．円の上にある点 $\mathrm{A}(z)$ と $\mathrm{O}(\xi)$ との距離が r であることを式にするのである．複素数平面における距離は絶対値記号を用いて表す．ここでは点 $\mathrm{A}(z)$ と $\mathrm{O}(\xi)$ との距離は $|z - \xi|$ と表されることから

$$|z - \xi|^2 = r^2$$

$$|z|^2 + |\xi|^2 - \overline{\xi}z - \xi\overline{z} = r^2$$

$$|z|^2 - \overline{\xi}z - \xi\overline{z} + (|\xi|^2 - r^2) = 0$$

と計算でき，この最後の式は複素座標における円の方程式である．

2.3.6 複素座標の2点を結ぶ直線

複素数平面上の2点 $\mathrm{A}(\xi), \mathrm{B}(\zeta)$ を考え，この2点を通るような直線の式を求めよう．

命題 2.13 複素数平面上の2点 $\mathrm{A}(\xi), \mathrm{B}(\zeta)$ を通るような直線の式は

$$(\overline{\xi} - \overline{\zeta})z + (\zeta - \xi)\overline{z} + \xi\overline{\zeta} - \zeta\overline{\xi} = 0$$

である．

証明． 求める式が $\overline{\lambda}z + \lambda\overline{z} + c = 0$ であるとしよう．（λ が複素数の定数，c が実数の定数．）2点 $\mathrm{A}(\xi), \mathrm{B}(\zeta)$ を通ることから

$$\overline{\lambda}\xi + \lambda\overline{\xi} + c = 0$$

$$\overline{\lambda}\zeta + \lambda\overline{\zeta} + c = 0$$

であり，この式を λ と $\overline{\lambda}$ に関する連立方程式とみなして解くと，

$$\lambda = \frac{c(\zeta - \xi)}{\xi\overline{\zeta} - \zeta\overline{\xi}}$$

$$\overline{\lambda} = \frac{c(\overline{\xi} - \overline{\zeta})}{\xi\overline{\zeta} - \zeta\overline{\xi}}$$

を得る．したがって，$\lambda : \overline{\lambda} : c = \zeta - \xi : \overline{\xi} - \overline{\zeta} : \xi\overline{\zeta} - \zeta\overline{\xi}$ であって，求める方程式は
$$(\overline{\xi} - \overline{\zeta})z + (\zeta - \xi)\overline{z} + \xi\overline{\zeta} - \zeta\overline{\xi} = 0$$
である． □

2.3.7 複素座標の 2 直線の交点

複素数平面上の 2 直線 $\overline{\lambda}z + \lambda\overline{z} + c = 0$, $\overline{\mu}z + \mu\overline{z} + d = 0$ を考え，この 2 直線の交点を求めよう．

命題 2.14 2 直線 $\overline{\lambda}z + \lambda\overline{z} + c = 0$, $\overline{\mu}z + \mu\overline{z} + d = 0$ の交点は
$$z = \frac{-c\mu + d\lambda}{\overline{\lambda}\mu - \overline{\mu}\lambda}$$
である．

証明． 2 直線の式を
$$\begin{cases} \overline{\lambda}z + \lambda\overline{z} = -c \\ \overline{\mu}z + \mu\overline{z} = -d \end{cases}$$
とこのように並べてみると，z と $\overline{z}$ についての連立 1 次方程式のように見ることができる．この 2 式から $\overline{z}$ を消去して z について解くと
$$z = \frac{-c\mu + d\lambda}{\overline{\lambda}\mu - \overline{\mu}\lambda}$$
となる．これで，交点の座標が求まっていると考えられる．実はこれで十分なのであるが，念のために $\overline{z}$ についても連立 1 次方程式の要領で解いてみよう．すると $\overline{z} = \dfrac{-\overline{\lambda}d + \overline{\mu}c}{\overline{\lambda}\mu - \overline{\mu}\lambda}$ が得られ，上の式の複素共役をとった式と同等である． □

演習問題 2.11 $z = \dfrac{-c\mu + d\lambda}{\overline{\lambda}\mu - \overline{\mu}\lambda}$ と $\overline{z} = \dfrac{-\overline{\lambda}d + \overline{\mu}c}{\overline{\lambda}\mu - \overline{\mu}\lambda}$ を検算し，これら 2 つの式が互いに複素共役になっていることを確認せよ．

2.3.8 複素座標の平行線，垂線

命題 2.15 (1) 直線 $\overline{\lambda}z + \lambda\overline{z} + c = 0$ に平行で，点 $A(\xi)$ を通るような直線の式は

$$\overline{\lambda}(z-\xi)+\lambda(\overline{z}-\overline{\xi})=0$$

である．

(2) 直線 $\overline{\lambda}z+\lambda\overline{z}+c=0$ に直交し，点 $A(\xi)$ を通るような直線の式は

$$\overline{\lambda}(z-\xi)-\lambda(\overline{z}-\overline{\xi})=0$$

である．

演習問題 2.12　上の命題を証明せよ．

2.3.9　2 つの円のなす角

中心 ζ 半径 r の円 $\mathcal{C}_1$ と，中心 ζ' 半径 r' の円 $\mathcal{C}_2$ とのなす角 θ を計算しよう．

円と円のなす角というときには，2 円の交点においてそれぞれの接線を引き，その接線同士のなす角の意味とする（図 2.3）．接線のなす角と言っても鋭角と鈍角とどちらもとりうるので，円のなす角と言った場合には鋭角（または直角）を選ぶものとする．2 つの円が接している場合には，なす角は 0 であることにする．

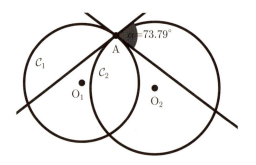

図 2.3　2 つの円のなす角

この角度について，次が成立する．

命題 2.16　中心 ζ 半径 r の円 $\mathcal{C}_1$ と，中心 ζ' 半径 r' の円 $\mathcal{C}_2$ とのなす角 θ は

$$\cos\theta = \frac{||\zeta-\zeta'|^2 - r^2 - r'^2|}{2rr'}$$

を満たす．

今，θ は 0 から直角 $\left(\dfrac{\pi}{2}\right)$ までの範囲で考えているため，その $\cos$ は 0 から 1

の間の値になることに注意しよう．

証明． 図 2.4 の場合で調べてみよう．（他の図になった場合にも，同様の議論で求めることができる．）

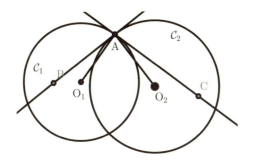

図 **2.4** 2 つの円のなす角

この図において，$\angle O_1AC = \dfrac{\pi}{2}, \angle O_2AB = \dfrac{\pi}{2}$ であることから，

$$\angle BAC = \angle O_1AC + \angle O_2AB - \angle O_1AO_2$$
$$= \pi - \angle O_1AO_2$$

と求まる．このことから，三角形 O_1AO_2 について余弦定理を用いることにより，

$$\cos \angle O_1AO_2 = \frac{O_1O_2^2 - O_1A^2 - O_2A^2}{2O_1A \cdot O_2A}$$

$\cos\theta = |\cos \angle O_1AO_2|$, $O_1O_2 = |\zeta - \zeta'|$ より

$$\cos\theta = \frac{||\zeta - \zeta'|^2 - r^2 - r'^2|}{2rr'}$$

を得る． □

2.4 方べきの定理

本書では平面幾何の証明が多く現れるが，その中でも特に「方べきの定理」がよく使われる．一口に方べきの定理と言ってもいくつかの言い表し方があるので，一通り紹介しておこう．

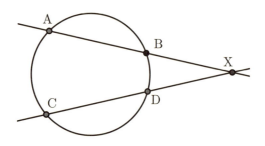

図 2.5　方べきの定理 1

定理 2.17（方べきの定理 1）　図 2.5 で $XA \cdot XB = XC \cdot XD$ である．

証明．　四角形 ABDC は円に内接する四角形（内接四角形）である．このことから，角 A（∠CAB）は D の外角（∠BDX）と等しい．このことから，△XAC と △XDB とは相似であり，$XA : XC = XD : XB$ が導かれ，定理が従う．　□

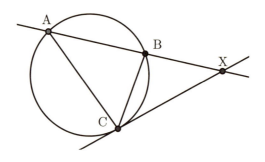

図 2.6　方べきの定理 2

定理 2.18（方べきの定理 2）　図 2.6 で $XA \cdot XB = XC^2$ である．

証明．　図 2.7 のように CA′ が直径になるような点 A′ をとると，円周角が等しいことから，∠BAC = ∠BA′C である．一方で，$\angle BA'C = \frac{\pi}{2} - \angle BCA' = \angle BCX$ であるから，∠BAC = ∠BCX である．このことから，△XAC と △XCB

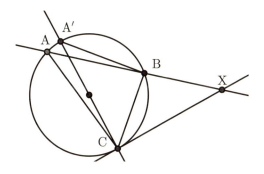

図 **2.7** 方べきの定理 2

とは相似であり，XA : XC = XC : XB が導かれ，定理が従う． □

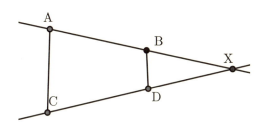

図 **2.8** 方べきの定理 3

定理 2.19（方べきの定理 3） 図 2.8 で XA · XB = XC · XD ならば，四角形 ABDC は円に内接する四角形である．

証明． XA · XB = XC · XD より XA : XC = XD : XB なので，二辺比夾角相当により △XAC と △XDB とは相似である．このことから角 A (∠CAB) は D の外角 (∠BDX) と等しいので四角形 ABDC は円に内接する四角形である． □

定理 2.20（方べきの定理 4） 図 2.9 で XA · XB = XC^2 ならば，三角形 ABC に外接する円は点 C で XC に接する．

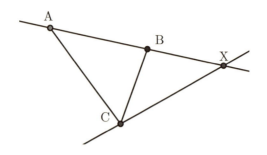

図 2.9 方べきの定理 3

証明. 図 2.9 において XA : XC = XC : XB であることから △XAC と △XCB とは相似である．したがって特に ∠BAC = ∠BCX である．このことから C で XC に接し，かつ B を通るような円は A も通る．したがって題意は満たされた． □

演習問題 2.13 上の証明を正確に補って証明を完了せよ．

第 3 章

円に関する反転写像

本章では**円の反転写像**について学ぶ．円の反転写像は言ってみれば円に関する線対称のようなものである．作図ができる幾何ソフトの中には「円に関する対称」として反転を紹介しているものすらある．将来的には，反転写像は双曲平面の線対称を与える大事なものである．まず反転像の定義から見てみよう．

3.1 円に関する反転像

3.1.1 反転像の定義

定義 3.1 (反転像) (1) 中心を O とするような半径 r の円を $\mathcal{C}$ とする[1]．平面上の点 X に対して，次の 2 つの条件 (a), (b) で決められる点 Y のことを**円 $\mathcal{C}$ に関する点 X の反転像**と呼び，$Y = F_{\mathcal{C}}(X)$ と書くことにする．(52 ページ，図 3.1 を参照のこと)

反転像の条件 (a) 点 Y は半直線 OX の上にある．
反転像の条件 (b) $OX \cdot OY = r^2$

(2) 平面に含まれるすべての点と無限遠点 ∞ とを合わせた集合を $\widehat{\mathbb{R}}^2$ と表記して**拡張された平面**と呼ぶことにする．すなわち

$$\widehat{\mathbb{R}}^2 = \mathbb{R}^2 \cup \{\infty\}$$

であるとする．

(3) 円 $\mathcal{C}$ による中心 O の反転像は ∞ であるとする．また，円 $\mathcal{C}$ による無限遠点 ∞ の反転像は点 O であるとする．(すなわち，$F_{\mathcal{C}}(O) = \infty, F_{\mathcal{C}}(\infty) = O$．)

(4) 円 $\mathcal{C}$ に関する反転 $F_{\mathcal{C}}$ について考えているときには円 $\mathcal{C}$ のことを**反転軸**と呼び，円 $\mathcal{C}$ の中心のことを**反転の中心**と呼ぶ．

---

[1] 中心の名前から「円 O」と呼ぶことも多いが，この教科書では $\mathcal{C}$ など別の記号を用いる方法も併用する．

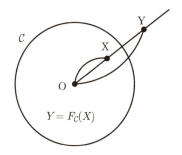

図 3.1 反転像

 反転像は，任意の $\widehat{\mathbb{R}}^2$ の要素（つまり，平面上の点または無限遠点）に対して，再び「反転像という $\widehat{\mathbb{R}}^2$ の要素」を対応させていることに着目しよう．ここで写像という考え方を導入する．

定義 3.2 (写像) 　(1) 集合 A と集合 B とに対して，「任意の A の要素 $x \in A$ に対して B の要素 $f(x)$ を対応させる」ことを A から B への**写像**と言って $f : A \to B$ と表記する．
　(2) 特に，集合として A と B が一致しているときには $f : A \to A$ と表記する．

 反転像を写像という考え方から説明すると $F_\mathcal{C} : \widehat{\mathbb{R}}^2 \to \widehat{\mathbb{R}}^2$ という写像を与えることがわかる．この $F_\mathcal{C}$ を**反転写像**と呼ぶことにする．

3.1.2　xy 座標による反転写像

 反転像，反転写像という概念を xy 座標で表してみよう．まず簡単のために円 $\mathcal{C}$ を「原点を中心とし半径が r であるような円」であるとする．
 このとき，任意に与えられた $\mathrm{X}(x,y)$ に対して反転像 $\mathrm{Y}(x',y')$ を求めればよい．

定理 3.3 　円 $\mathcal{C}$ を「原点 O を中心とし半径が r であるような円」であるとし，$\mathrm{X}(x,y)$ の反転像を $\mathrm{Y}(x',y')$ とすると，
$$x' = \frac{r^2 x}{x^2 + y^2}$$
$$y' = \frac{r^2 y}{x^2 + y^2}$$
である．

定理 3.3 の証明. X の座標が (x, y) であることと,点 Y(x', y') が半直線 OX 上の点である(条件 (a))ことから $(x', y') = t(x, y)$ であって

$$x' = tx$$
$$y' = ty$$

となるような正の定数 t が存在することがわかる.次に条件 (b) の両辺を計算してみると,$\text{OX} = \sqrt{x^2 + y^2}$, $\text{OY} = \sqrt{x'^2 + y'^2}$ であることから

$$\text{OX} \cdot \text{OY} = r^2$$
$$\sqrt{x^2 + y^2} \cdot \sqrt{x'^2 + y'^2} = r^2$$
$$\sqrt{x^2 + y^2} \cdot \sqrt{(tx)^2 + (ty)^2} = r^2$$
$$\sqrt{x^2 + y^2} \cdot (t \cdot \sqrt{x^2 + y^2}) = r^2$$
$$t(x^2 + y^2) = r^2$$
$$t = \frac{r^2}{x^2 + y^2}$$

このことから

$$x' = \frac{r^2 x}{x^2 + y^2}$$
$$y' = \frac{r^2 y}{x^2 + y^2}$$

を得る. □

この公式を利用して,一般的な円に関する反転像の計算公式を導出することができる.

定理 3.4 円 O を「点 O(x_0, y_0) を中心とし半径が r であるような円」であるとし,X(x, y) の反転像を Y(x', y') とすると,

$$x' = \frac{r^2(x - x_0)}{(x - x_0)^2 + (y - y_0)^2} + x_0$$
$$y' = \frac{r^2(y - y_0)}{(x - x_0)^2 + (y - y_0)^2} + y_0$$

である.

証明. 図全体を $(-x_0, -y_0)$ だけ平行移動して考える．そうすると，円 O の中心は原点 $(0,0)$ へと写され，点 X は点 $(x-x_0, y-y_0)$ へ，点 Y は点 $(x'-x_0, y'-y_0)$ へと写される．以上のことを前の定理 3.3 の式に代入すると，ただちに本定理を得る． □

演習問題 3.1 上の公式を検算せよ．

演習問題 3.2 反転像の定義によると円の中心 (x_0, y_0) の反転像は無限遠点と定められている．上の定理 3.4 の公式においてこのことはどのように解釈されるか．自分なりに解釈してみよ．

3.1.3 複素座標による反転写像

複素数平面で反転像を計算によって求めてみよう．前の節と同様に，まずは中心が原点で半径が r であるような円 O について計算してみる．

定理 3.5（複素座標による反転像） 中心が原点で半径が r であるような円 $\mathcal{C}$ について，点 X の反転像を Y とする．点 X の複素座標を ξ，点 Y の複素座標を η とするとき

$$\eta = \frac{r^2}{\overline{\xi}}$$

である．

定理 3.5 の証明. X の複素座標が ξ であることと，点 Y が半直線 OX 上の点である（条件 (a)）ことから $\eta = t\xi$ であるような正の実数の定数 t が存在することがわかる．次に条件 (b) の両辺を計算してみると，$\text{OX} = |\xi| = \sqrt{\xi\overline{\xi}}$, $\text{OY} = |\eta| = \sqrt{\eta\overline{\eta}}$ であることから

$$\text{OX} \cdot \text{OY} = r^2$$

$$\sqrt{\xi\overline{\xi}} \cdot \sqrt{\eta\overline{\eta}} = r^2$$

$$\sqrt{\xi\overline{\xi}} \cdot \sqrt{t\xi\overline{(t\xi)}} = r^2$$

$$t\xi\overline{\xi} = r^2$$

$$t = \frac{r^2}{\xi\overline{\xi}}$$

このことから
$$\eta = \frac{r^2}{\xi\bar{\xi}} \cdot \xi = \frac{r^2}{\bar{\xi}}$$
を得る. □

複素座標を用いた計算のほうが簡素化されていることに気がつくだろう. このことはこれからの多くの定理について同様な感触を読者に与えることを示唆している.

3.1.4 作図による反転写像

作図 3.1（円の反転像） 円 O が与えられたとする. 点 X が円周上にないとき, X の（O に関する）反転点は次の作図により得られる.

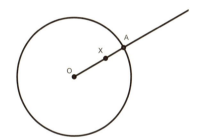

半直線 OX を引き, この半直線と円周との交点を A とする.

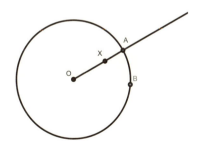

円周上の点で半直線 OX の上にないような点 B をとる.

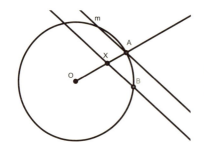

直線 BX を引き，A を通る BX の平行線 m を描く．

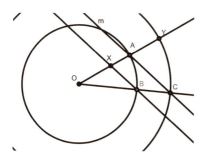

直線 m と直線 OB の交点を C とし，中心が O で点 C を通るような円を描く．この円と半直線 OX との交点を Y とするとこれが求める反転像である．

作図 3.1 の証明． 最終図において，AC ∥ XB であることから，△OXB と △OAC とは相似形である．したがって OX : OA = OB : OC であり，OX·OC = r^2 である．OC = OY より OX·OY = r^2 であって，(Y が半直線 OX 上にあることと合わせると) Y が反転像であることが示される． □

作図 3.2 (円内部の点の反転像 (別解)) 円 O が与えられたとする．点 X が円の内側にあるとき，X の (O に関する) 反転点は次の作図により得られる．

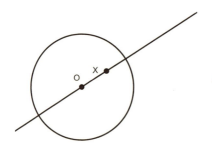

点 X を通る円 O の直径 a を描く．

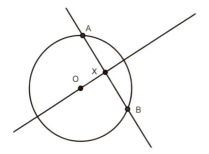

点 X を通る直線 a の垂線 b を描き，直線 b と円 C の交点を A, B とする．

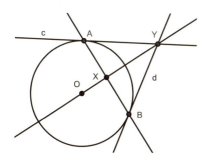

2 点 A, B における円 C の接線を c, d とし，2 直線 c, d の交点を Y とする．この Y が X の反転点である．

円内部の点の反転像作図の証明． 作図の最後の図において，角 OAY と角 OXA はどちらも直角である．このことから，三角形 OAY と三角形 OXA とは相似形であることがわかる．したがって，OX : OA = OA : OY である．このことは反転像の定義にある要件 $OX \cdot OY = r^2$ と同等な式であり，Y は求める反転像であることがわかる． □

3.2 反転写像の基本性質

命題 3.6（反転写像の基本性質）
円 C に関する反転写像 F_C を簡単のため単に F と記することにすると以下の性質が成り立つ．
(1) X が円 C の内側ならば $Y = F(X)$ は円の外側．
(2) X が円 C の外側ならば $Y = F(X)$ は円の内側．
(3) X が円 C の周の上にあるならば $Y = F(X) = X$.
(4) 任意の X に対して $F(F(X)) = X$.

3.2.1 図による証明

図による命題 3.6 の証明. (1) 図 3.2 において，もし X が円の内側ならば $\mathrm{OX} < r$ である．$\mathrm{OX} \cdot \mathrm{OY} = r^2$ にこの式を代入すると，$r \cdot \mathrm{OY} > r^2$ であり，$r > 0$ であるから $\mathrm{OY} > r$ を得る．これは $\mathrm{Y} = F(\mathrm{X})$ は円の外側であることを意味している．(2) はまったく同様に示すことができる．

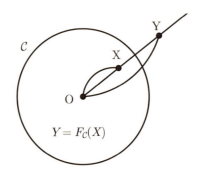

図 3.2 反転の定義（再掲）

演習問題 3.3 (2) の証明を自分で書き下してみよ．

(3) 図 3.2 において，もし X が円周上ならば $\mathrm{OX} = r$ である．$\mathrm{OX} \cdot \mathrm{OY} = r^2$ にこの式を代入すると，$r \cdot \mathrm{OY} = r^2$ であり，ただちに $\mathrm{OY} = r$ を得る．点 X と点 Y は，どちらも O を端点とする半直線上にある線分であり，点 O からの距離が等しい．このことから X = Y である．

(4) X を円 $\mathcal{C}$ の中心以外の点とし，$F(\mathrm{X}) = \mathrm{Y}$, $F(F(\mathrm{X})) = \mathrm{Z}$ と仮定する．このとき，$\mathrm{OX} \cdot \mathrm{OY} = r^2$ かつ $\mathrm{OY} \cdot \mathrm{OZ} = r^2$ が成り立つ．この式から

$$\mathrm{OX} = \frac{r^2}{\mathrm{OY}} = \mathrm{OZ}$$

が成り立つ．点 X と点 Z は，どちらも O を端点とする半直線上にある線分であり，点 O からの距離が等しい．このことから X = Z である． □

演習問題 3.4 上の証明では，点 X が $\mathcal{C}$ の中心と一致する場合や，X が無限遠点 ∞ である場合にまで言及していない．この場合についても述べて証明を完結

させよ．

3.2.2 作図による証明

命題 3.6 の作図による検証をしよう．作図による検証ではすべての場合を確認することは不可能であるので，典型的な場合についての作図を行って，命題で主張している内容が現象として表れているかどうかを確かめてみよう．

作図 3.3

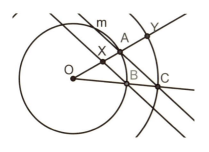

(1) 作図 3.1 で行った作図をここでも行おう．X が反転円の内側にあるときには Y が反転円の外側にあることが確認できる．

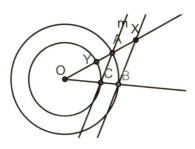

(2) 上の作図から，点 X を移動して，反転円の外側の位置まで動かしてみよう．このとき，点 Y は反転円の内側へ移動していることを観察することができる．

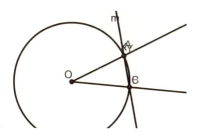

(3) 上の作図から，点 X を移動して，反転円の上に乗るように移動してみよう．すると，点 B と点 C とが一致してしまうことがわかり，点 Y は点 X と重なることが確認できる．

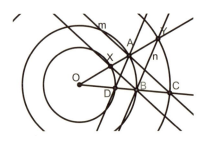

(4) (1) の作図から始めて，今度は Y の反転像を作図してみる．Y と点 B とを結んだ直線を n として，n と平行で点 A とを通る直線を引き，半直線 OB との交点を D とする．O を中心として D を通る円を描くと，この円は点 X を通る．このことは $F_C(Y) = X$ であることを意味している．

3.3 連続性と全単射（やや難）

写像が「連続性」や「全単射」といった性質をもつとはどういうことであるかを解説し，反転写像が連続で全単射であることを証明する．

まず，連続であることを説明するためには「点列の収束」が必要である．

定義 3.7（**点列の収束**） xy 座標で考え，点列 $X_1, X_2, X_3, X_4, \ldots$ を考え，n 番目の点を X_n であるとする．点 X_n の座標が (x_n, y_n) であるとする．

(1) n を十分大きく選べば点 $X_n(x_n, y_n)$ が特定の点 (x_0, y_0) に十分近くなるようにできるとする．このとき，点列 $\{X_1, X_2, \ldots\}$ は点 (x_0, y_0) に**収束する**という．

(2) n を十分大きく選べば x_n または y_n が十分大きくなるようにできるとする．このとき，点列 $\{X_1, X_2, \ldots\}$ は発散するという．点列 $\{X_n\}$ が発散することを，「点列 $\{X_1, X_2, \ldots\}$ は無限遠点 ∞ へ収束する」と考える．

注意 3.8 高等学校で収束を学習するときには「n を無限に大きくすると，点列 $X_n(x_n, y_n)$ は点 x_0, y_0 に近づく」という説明を受ける．これはこれで正しいのだが，「大きくする」，「近づく」というモノの言い方は時間の経過を伴うものであって，n を無限に大きくするのに，有限の時間で済むわけではなく，また同様に，点列 $X_n(x_n, y_n)$ が点 (x_0, y_0) に有限時間内に一致してしまうわけではない．

高校での極限の取り扱いを通して，$\lim_{n \to \infty}(x_n, y_n) = (x_0, y_0)$ のような記述は，あたかも「点列が (x_0, y_0) へと到達する」ように思いこみがちなので注意が必要である．僕たちは点列が本当に (x_0, y_0) へたどり着くのを見て確認できるわけではない．「有限時間で到達を確認（認識）できないが，抽象的にたどり着くものと

認めて考える」ことをしているわけだが，ここには「直接認識できないものの存在を認めるかどうか」という哲学的な問題が含まれていることを知るべきであろう．数学ではイプシロン＝エヌという枠組みでこれを厳密に記述できると考えるのである．

注意 3.9 無限大に発散することを無限遠点 ∞ に収束すると考えるのは，「x_n または y_n が十分大きな点」は「無限遠点の近くにある」と考えているからである．「点の近さ」を数学的に煮詰めたものを「位相」と呼ぶが，上の定義 (2) はまさに位相の考え方による収束である．

高校の数学では，「発散すること」を「無限大に収束する」などというと「オカシなことを言うな」と叱られてしまうかもしれない．しかしそれは位相を学習することなく収束・発散を説明しようとしているからであって，それぞれの立場で納得がいくように考えれば十分である．別にどちらが悪いというわけではない．

点列の収束を完全に厳密に考えようとすると，ε-N 論法という方法を用いなければいけない．念のために定義だけを書いておくが，ここではこの定義について深入りすることはしない．ここで $\|X_n, X_0\|$ とは 2 点 X_n, X_0 の距離を表すものとする．

$$\forall \varepsilon > 0 (\exists N > 0 (N < n \Rightarrow \|X_n, X_0\| < \varepsilon))$$

だいたいの意味合いについて説明しておくと，「どんなに小さな $\varepsilon > 0$ を与えられたとしても，十分大きな番号 N より大きな番号 n を選べば，点 X_n と点 X_0 とは距離 ε 以内の近さにあるようにすることができる」ということである．

さて，収束する点列の概念を利用して，写像が連続であることを厳密に記述してみよう．

定義 3.10（連続） 拡張された平面 $\widehat{\mathbb{R}}^2$ を考え，写像 $f : \widehat{\mathbb{R}}^2 \to \widehat{\mathbb{R}}^2$ が連続であることの定義を次によって与える．$\widehat{\mathbb{R}}^2$ の中で（無限遠点へ収束する場合も含めて）点 X_0 へ収束するような任意の点列 $\{X_1, X_2, \ldots\}$ に対して，その点列の像からなる点列 $\{f(X_1), f(X_2), \ldots\}$ が $f(X_0)$ へと収束するとき，写像 f は連続写像であるという．

この連続の定義について，我々はいくつもの事例を通して理解する時間はない．本書を通じて我々は「反転写像は連続である」ということを押さえておけば十分なのである．

命題 3.11（反転写像は連続） 反転写像は連続である．

この命題を厳密に証明するためには，連続性についての基本的な性質をいくつも紹介する（その紹介が心地よいとはかぎらない！）うえに，反転写像をかなり精密に調べる作業が必要である．本書の趣旨から言ってそのような内容に深入りすることはしない．ただし，反転の中心と無限遠点を除いて考えるならば，実は簡単な理由によって連続であることを理解できる．それは定理 3.3 によって，反転像の座標は分数式で与えられることが示されている．写像の像が分数式で与えられるような写像は連続であることが知られているのである．（高校でも「式に値を代入できるような場合の極限値は代入して求めてよい」と習っているはずである．）

この点について興味ある読者は集合と位相のテキスト（たとえば太田春外 [7]）を勉強してみるとよいだろう．

定義 3.12（全単射） 写像 $f : X \to Y$ が全単射であるとは，写像 f によって集合 X の要素と集合 Y の要素とが「余りなく」，「重なりなく」一対一に対応づけられることをいう．

注意 3.13 2 つの集合の要素が「余りなく」，「重なりなく」対応づけられるならば，要素の個数は一致するだろうと読者はお思いになるかもしれない．集合 X, Y の要素の個数が有限であるならばその感想は正しい．

注意 3.14 全単射という言葉は全射と単射という 2 つの言葉を合体させた言葉である．

全射という概念は写像 f によって集合 X の要素と集合 Y の要素とが「余りなく」対応していることである．すなわち，どの Y の要素に対しても，X の要素から対応があるという意味である．

単射という概念は写像 f によって集合 X の要素と集合 Y の要素とが「重なりなく」対応していることである．つまり，異なる X の要素が同一の Y の要素へ対応するような「重なり」が発生していないことを言っている．

命題 3.15 (1) 写像 $F : X \to X$ があるとする．任意の要素 $x \in X$ に対して $F(F(x)) = x$ が成り立つならば，F は全単射（全射かつ単射）である．
(2) 反転写像は全単射である．

証明． (1) 全射であることの証明をしよう．写像 F が任意の要素 $x \in X$ に対

して $F(F(x)) = x$ を満たすという前提のもとに考える．背理法を用いる．つまり，結論が成り立たないと仮定する．すなわち，全射でないと仮定しよう．全射の定義を参照すれば，$F : X \to X$ に「余りが生じる」ということである．つまり，ある特別な $x_0 \in X$ が存在して，この x_0 に対して $F(x) = x_0$ となるような $x \in X$ が存在しないことを意味する．

一方で，$F(F(x_0)) = x_0$ が成り立っているので，$x = F(x_0)$ を試しにおいてみると，$F(x) = x_0$ が成り立ってしまっている．これは矛盾である．これは「全射でない」と間違った仮定をしたためである．したがって F は全射である．

次に単射であることの証明をしよう．これも背理法による．つまり，$F : X \to X$ に「重なりが生じる」と仮定しよう．異なる 2 つの要素 $x_1, x_2 \in X$ に対して，$F(x_1) = F(x_2)$ となっている状況が起こっているという仮定である．

ここで $F(x_1) = F(x_2)$ の両辺をもう一度 F で写してみると $F(F(x_1)) = F(F(x_2))$ となり，$F(F(x)) = x$ を満たすという前提より $x_1 = F(F(x_1)) = F(F(x_2)) = x_2$ である．この式は x_1, x_2 が異なるという仮定に矛盾している．これは「単射でない」と間違った仮定をしたためである．したがって F は単射である．

(2) 上の (1) が正しければこの命題は簡単に帰結する．反転写像 F_C は任意の点 $x \in \widehat{\mathbb{R}}^2$ に対して $F_C(F_C(x)) = x$ が成り立つことはすでに確認済みである．このことから F_C は全単射である． □

第 4 章

反転像に関する図形的性質

本章では平面上の図形 $\mathcal{X}$ を反転写像で写した図形 $F(\mathcal{X})$ について考える．図形を写像で写すということを別の言葉で言い換えてみよう．点 X が図形 $\mathcal{X}$ 上を自由に動ける点であると仮定したとき，X の反転像 $F(X)$ はどのような軌跡を描くだろうか．この軌跡のことを $F(\mathcal{X})$ と書いて，反転写像で $\mathcal{X}$ を写した図形と呼ぶのである．

本書で興味があるのは $\mathcal{X}$ が直線の場合と円の場合（つまり総称して円の場合）である．最終的な答えから言うと，「円を写して円になる場合」，「円を写して直線になる場合」，「直線を写して円になる場合」，「直線を写して直線になる場合」の 4 通りがあるので，1 つずつ丁寧に見てくことにする．

4.1 反転写像による円の像

次の性質を証明しよう．

命題 4.1（反転写像による円の像） （1）円 $\mathcal{C}_0$ に関する反転写像を F とする．円 $\mathcal{C}_0$ の中心を O とする．平面 $\mathbb{R}^2$ 上の円 $\mathcal{C}_1$ が点 O を通らなければ，像 $F(\mathcal{C}_1)$ は円である．
（2）円 $\mathcal{C}_1$ が点 O を通るならば，像 $F(\mathcal{C}_1)$ は直線である．

4.1.1 GeoGebra による観察

GeoGebra は正確な作図をするためのツールであり，「軌跡を描く」ことができる．軌跡を観察するためのツールとして GeoGebra を使ってみよう．

作図 4.1 反転写像による円の像の作図（その 1）

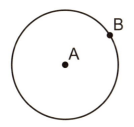

円を描くモード ⊙ で円を描く．

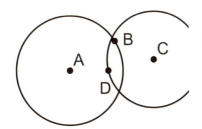

引き続き，もう 1 つの円を描く．あとから描く円は最初の円の外側か，もしくはほとんどの部分が外側にあるような位置に描くとよい．

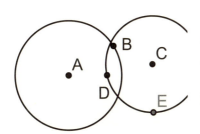

点を描くモード •A にして，円 C 上に点を描く．（円の上でクリックすればよい．）こうすることにより，点 E は円 C の上のみを自由に動けるような点になる．

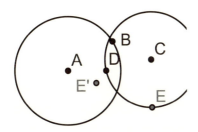

円に関する鏡映モード にして，点 E, 円 A の順にクリックする．こうすることにより，点 E の反転像 E′ が描画される．

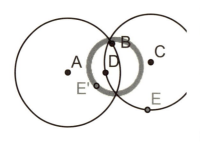

一度，[表示] メニューの [再描画] を選ぶ．そのあとに，点 E′ を右クリックして [残像表示] をオンにする．そうしてから，移動モード にして，点 E を円上くまなく移動させる．こうすることにより，点 E′ の残像 = 軌跡が描画される．

実はこの方法以外にも，「円に関する対称」を用いて，直接軌跡を描くことも可能である．

作図 4.2 反転写像による円の像の作図（その 2）

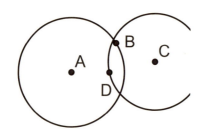

前の作図と 2 円を描くところまでは同じである．

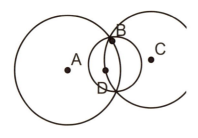

円に関する鏡映モード にして，円 C，円 A の順にクリックする．こうすることにより，円 C の反転像が描画され，反転像は円であることがわかる．

4.1.2 xy 座標による証明

さて，このことを xy 座標を使って証明してみよう．

作図 4.1 に現れる図には座標軸が表記されていなかったが，このことを逆説的にとらえてみると，座標軸をどの場所においてもよいと考えることができる．このことから，円 $\mathcal{C}_0$ を中心 $O = (x_0, y_0) = (0, 0)$ であると考えるのがうまいやり

方である．半径は r_0 であるとする．X(x,y), $F(\mathrm{X}) = \mathrm{Y}(x',y')$ とおくと，

$$(x', y') = \left(\frac{r_0^2 x}{x^2 + y^2}, \frac{r_0^2 y}{x^2 + y^2} \right)$$

を満たす．点 X は円 C の上にあるものとする．すなわち，$X = (x,y)$ は円 C_1 の式 $(x-a)^2 + (y-b)^2 = r^2$ を満たすものとする．

ここでうまいやり方は，上の式を x, y について解いておくことである．ぐっとにらんで上の式から x を x', y' の式で表すことは容易ではないかもしれないが，ここで，$F(F(\mathrm{X})) = \mathrm{X}$ であることを思い起こすと，この問題を解決することができる．

$F(\mathrm{X}) = \mathrm{Y}$ ということは，$\mathrm{X} = F(F(\mathrm{X})) = F(\mathrm{Y})$ であることに注意しよう．この事実を式にすると

$$(x, y) = \left(\frac{r_0^2 x'}{x'^2 + y'^2}, \frac{r_0^2 y'}{x'^2 + y'^2} \right)$$

となる．$x = \dfrac{r_0^2 x'}{x'^2 + y'^2}, y = \dfrac{r_0^2 y'}{x'^2 + y'^2}$, のそれぞれを $(x-a)^2 + (y-b)^2 = r^2$ に代入すると

$$\left(\frac{r_0^2 x'}{x'^2 + y'^2} - a \right)^2 + \left(\frac{r_0^2 y'}{x'^2 + y'^2} - b \right)^2 = r^2$$

以下，$(x'^2 + y'^2)^2$ を両辺にかける．

$$(r_0^2 x' - a(x'^2 + y'^2))^2 + (r_0^2 y' - b(x'^2 + y'^2))^2 = r^2 (x'^2 + y'^2)^2$$

$x'^2 + y'^2 = t$ と置いて展開する．

$$r_0^4 x'^2 - 2a r_0^2 x' t + a^2 t^2 + r_0^4 y'^2 - 2b r_0^2 y' t + b^2 t^2 = r^2 t^2$$

$$r_0^4 t - 2a r_0^2 x' t + a^2 t^2 - 2b r_0^2 y' t + b^2 t^2 = r^2 t^2$$

$t \neq 0$ より t で全体を割る．

$$r_0^4 - 2a r_0^2 x' - 2b r_0^2 y' + (a^2 + b^2 - r^2)(x'^2 + y'^2) = 0$$

ここで $a^2 + b^2 - r^2 \neq 0$ を仮定すると

$$x'^2 + y'^2 - \frac{2 r_0^2 (a x' + b y')}{a^2 + b^2 - r^2} + \frac{r_0^4}{a^2 + b^2 - r^2} = 0$$

$$\left(x' - \frac{r_0^2 a}{a^2 + b^2 - r^2}\right)^2 + \left(y' - \frac{r_0^2 b}{a^2 + b^2 - r^2}\right)^2 = \left(\frac{r_0^2 r}{a^2 + b^2 - r^2}\right)^2$$

これは円の方程式であって，その中心が $\left(\dfrac{r_0^2 a}{a^2 + b^2 - r^2}, \dfrac{r_0^2 b}{a^2 + b^2 - r^2}\right)$，円の半径は $\dfrac{r_0^2 r}{a^2 + b^2 - r^2}$ であることがわかる．

このことから，$a^2 + b^2 - r^2 \neq 0$ を仮定すると円 $\mathcal{C}_1$ の像 $F(\mathcal{C}_1)$ はまた円になることが示された．

$a^2 + b^2 - r^2 \neq 0$ という条件は実は「円 $\mathcal{C}_1$ が $(x_0, y_0) = (0,0)$ を通らない」という条件に他ならない．円 $\mathcal{C}_1$ の式に $(x,y) = (0,0)$ を代入した式 $\Leftrightarrow (0-a)^2 + (0-b)^2 = r^2$ と比較してみればよくわかる．このことから，円 $\mathcal{C}_1$ が反転写像の中心 X_0 を通らないときには像 $F(\mathcal{C}_1)$ は円であることが示された．

次は $a^2 + b^2 - r^2 = 0$ のとき，すなわち円 $\mathcal{C}_1$ が反転写像の中心 X_0 を通るときを考えてみよう．このときは計算式の途中から流れが変わって，

$$r_0^4 - 2ar_0^2 x' - 2br_0^2 y' + (a^2 + b^2 - r^2)(x'^2 + y'^2) = 0$$
$$r_0^4 - 2ar_0^2 x' - 2br_0^2 y' = 0$$

という形になる．ここで a, b, r_0 は定数であるからこの式は「直線の式」であることがわかる．したがって像 $F(\mathcal{C}_1)$ は直線であることがわかる．

注意 4.2 写像の軌跡による図形を調べるときには，「軌跡がその図形全体と一致するか」を検証しなければいけない．上で示したことは，「中心が (a,b), 半径が r の円」の上にある点が，反転写像によって「中心が $\left(\dfrac{r_0^2 a}{a^2 + b^2 - r^2}, \dfrac{r_0^2 b}{a^2 + b^2 - r^2}\right)$, 半径が $\dfrac{r_0^2 r}{a^2 + b^2 - r^2}$ であるような円」の上の点へと写されるということのみである．

軌跡が全体に一致するかどうかを直接調べるためには，円 $\mathcal{C}_1$ のすべての点が，「中心が $\left(\dfrac{r_0^2 a}{a^2 + b^2 - r^2}, \dfrac{r_0^2 b}{a^2 + b^2 - r^2}\right)$, 半径が $\dfrac{r_0^2 r}{a^2 + b^2 - r^2}$ であるような円」全体へと写されることを示さなければいけない．このことを直接示そうとするならば，円 $\mathcal{C}_1$ のすべての点を $(a + r\cos\theta, b + r\sin\theta)$ のようにパラメータ表示などを用いて表しておき，反転写像 F で写されたあとの点を完全に記述してその曲

線を描き出さなければならない．この計算は不可能ではないと思うが大変だろう．

間接的に示す方法もある．まず，「中心が $\left(\dfrac{r_0^2 a}{a^2+b^2-r^2}, \dfrac{r_0^2 b}{a^2+b^2-r^2}\right)$，半径が $\dfrac{r_0^2 r}{a^2+b^2-r^2}$ であるような円」の上の点が，同じ反転写像によって「中心が (a,b)，半径が r の円」へと写されることを示す．このことから「軌跡が円になること」を背理法を用いて示すことができる．実際に，もし軌跡が円全体でないと仮定すると，円の一部分は軌跡ではないことになる．軌跡ではないような部分から点 A を選び，それを反転写像で写すと，$F(\mathrm{A})$ は「中心が (a,b)，半径が r の円」の上にある．このことと $F(F(\mathrm{A})) = \mathrm{A}$ であることから，A は軌跡の一部であることになり，仮定に矛盾する．

4.1.3　複素座標による証明

同じことを複素座標で証明してみよう．前項と同様に，反転写像は原点中心（半径 r_0）の円によるものとすると，反転写像は

$$F(\zeta) = \frac{r_0^2}{\zeta}$$

という式で得られる．点 X が円 $\mathcal{C}_1$ の上にあるとし，その複素座標を $\mathrm{X}(\zeta)$ とし，$\zeta' = F(\zeta)$ であるとしよう．ζ' の軌跡が求める図形である．

前節と同様に，$\zeta = F(F(\zeta)) = F(\zeta')$ であることに着目し，$\zeta = \dfrac{r_0^2}{\zeta'}$ であることを確認しよう．

円 $\mathcal{C}_1$ の中心が $\mathrm{A}(\xi)$ であるとし，その半径が r（r は正の実数）であるとしよう．このことから

$$|\zeta - \xi|^2 = r^2$$
$$(\zeta - \xi)(\bar{\zeta} - \bar{\xi}) = r^2$$

である．ここに ζ の式を代入して，

$$\left(\frac{r_0^2}{\zeta'} - \xi\right)\left(\frac{r_0^2}{\bar{\zeta'}} - \bar{\xi}\right) = r^2$$

分母を払って

$$(r_0^2 - \bar{\zeta'}\xi)(r_0^2 - \zeta'\bar{\xi}) = r^2 \zeta' \bar{\zeta'}$$

$$(\xi\bar{\xi} - r^2)\zeta'\bar{\zeta}' - (r_0^2\bar{\xi})\zeta' - (r_0^2\xi)\bar{\zeta}' + r_0^4 = 0$$

ここで，もし $\xi\bar{\xi} - r^2 \neq 0$ であるならば，$\xi\bar{\xi} - r^2$ と r_0^4 が実数であることを確認して，これは（複素数平面上の）円の方程式である．したがって軌跡は円である．

もし $\xi\bar{\xi} - r^2 = 0$ であるとすると，これは $|\xi| = r$ と同値な条件で，さらにこれは「円 $\mathcal{C}_1$ が原点を通る」と同値な条件である．この場合には，軌跡の方程式は

$$(r_0^2\bar{\xi})\zeta' + (r_0^2\xi)\bar{\zeta}' - r_0^4 = 0$$

となり，これは複素数平面上の直線の方程式である．

演習問題 4.1 $\xi\bar{\xi} - r^2 \neq 0$ の場合の複素数平面上での円の軌跡において，その中心が $\dfrac{r_0^2\xi}{\xi\bar{\xi} - r^2}$ であり，半径が $\dfrac{r_0^2 r}{\xi\bar{\xi} - r^2}$ であることを示せ．

4.2 円の反転写像による直線の像

今度は反転写像による直線の像を考えてみよう．結論から言うと，一般的には直線の像は「反転の中心を通るような円」になる．

このことを理解する手っ取り早い方法は「反転の中心を通るような円」の反転写像による像が直線であるという前節の結果を思い出すことである．反転は 2 度繰り返すと元に戻る．このことから直線の像は反転の中心を通るような円になることが自然に導かれる．

ただし，自明な例外が 1 つある．それはそもそもの直線が反転の中心を通る（すなわち反転円の直径に重なる）場合である．このときには，反転像はやはり直線であり，同一の直線となる．

以上のことがらをまとめると次のような命題が得られる．

命題 4.3 反転による直線の像は「反転の中心を通る円」かまたは「反転の中心を通る直線」のいずれかである．

4.2.1 作図による確認

作図 4.3 反転写像による直線の像の作図

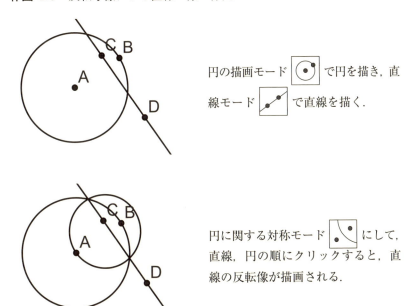

この図では「見た感じが円であるような図形」が描き出されるにとどまる．ただし，数式ビュー（通常であれば，GeoGebra を起動したときに左側に表示されている「要素の羅列」のようなリストのこと）を開いて確認すると反転像が円の方程式で表されていることを確認することができる．実際に式で計算してみれば次の項のようになる．

4.2.2 複素座標による証明

このことを複素座標を用いて証明する．反転写像 F は前と同様に $\zeta' = F(\zeta) = \dfrac{r_0^2}{\bar{\zeta}}$ で与えられるものとする．点 $\mathrm{X}(\zeta)$ が直線 $\bar{\eta}\zeta + \eta\bar{\zeta} + c = 0$ の上にあるものと仮定する．ただし，η は複素数の定数，c は実数の定数とする．この式に $\zeta = \dfrac{r_0^2}{\bar{\zeta'}}$ を代入する．

$$\bar{\eta}\frac{r_0^2}{\bar{\zeta'}} + \eta\frac{r_0^2}{\zeta'} + c = 0$$

分母を払って
$$c\zeta\bar{\zeta} + \overline{\eta}r_0^2\zeta' + \eta r_0^2\bar{\zeta}' = 0$$

もし $c \neq 0$ ならば，これは円の方程式であり，もし $c = 0$ ならば，この式は直線の方程式である．

演習問題 4.2 同じことを xy 座標を用いて証明してみよ．

4.3 接する 2 円の反転像は接する

命題 4.4（接する 2 円の反転像は接する） 接する 2 円の反転像は接する．つまり，円 $\mathcal{C}$ の反転写像を F とするとき，$\mathcal{C}_1$ と $\mathcal{C}_2$ が接点 A で接するとき，$F(\mathcal{C}_1)$ と $F(\mathcal{C}_2)$ は点 $F(\mathrm{A})$ で接する．

この命題は，作図にもよらず，座標計算にもよらず証明することができる．

証明． $\widehat{\mathbb{R}}^2$ における円が 2 つあったとすると（普通に平面上に 2 円がある状況を思い浮かべてほしい），2 つの円は「交わらない」か「接している（1 点を共有している）」か「異なる 2 点で交差している」か「一致している」かのいずれかである．

題意により 2 つの円である $\mathcal{C}_1, \mathcal{C}_2$ が接しているものと仮定しよう．円 $\mathcal{C}$ に関する反転を F と書くことにすると，$F(\mathcal{C}_1)$ と $F(\mathcal{C}_2)$ とはやはり円である．このことから $F(\mathcal{C}_1)$ と $F(\mathcal{C}_2)$ は「交わらない」か「接している」か「異なる 2 点で交差している」か「一致している」かのいずれかである．

一方で，反転写像 F は全単射であって，「余りなく」，「重なりなく」一対一に写すような写像である．このことから，$\mathcal{C}_1, \mathcal{C}_2$ の共通部分は $F(\mathcal{C}_1), F(\mathcal{C}_2)$ の共通部分へと一対一に写されなければいけない．$\mathcal{C}_1, \mathcal{C}_2$ の共通部分はただの 1 点である（接するということはそういうことである）から，$F(\mathcal{C}_1), F(\mathcal{C}_2)$ の共通部分もただの 1 点でなければならない．このことはただちに $F(\mathcal{C}_1), F(\mathcal{C}_2)$ が接していることを意味している． □

証明が済んだところで念のために作図してみよう．

作図 4.4

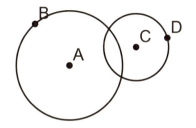

まず，円を 2 つ描く．この図のように左側に大きめの円（これを円 c とする），右側に小さめの円（これを円 d とする）を描く．点 D が右側に来るようにする．

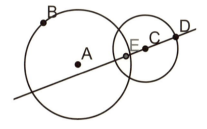

点 C と D を結ぶ直線を描く．そして，■A にしてこの直線上に新しく点 E を描く．

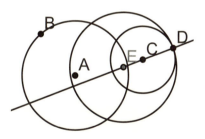

点 E を中心として点 D を通る円を描く．これを円 e とする．円 d と円 e は点 D で接するように描くことができる．

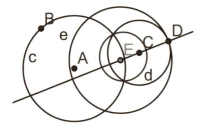

円に関する鏡映モードにして，円 d，円 c の順にクリックする．こうすると，円 c に関する反転で円 d を写した反転像が描かれる．

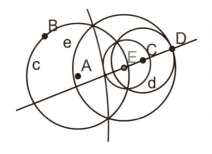

引き続き円 e，円 c の順にクリックする．円 c に関する反転で円 e を写した反転像が描かれる．上図の円と今描いた円が接していることが観測できる．

4.4 直交する円の反転像

命題 4.5 円 $\mathcal{C}$ に関する反転写像を F とする．反転円 $\mathcal{C}$ が円 $\mathcal{C}_0$ と直交するとき，$F(\mathcal{C}_0)$ と $\mathcal{C}_0$ は同じ円である．

作図 4.5

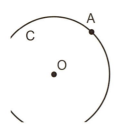

中心が O で，点 A を通る円 C を描く．（適当に円を 1 つ描いたあとで，「名前の変更」を行えばよい．

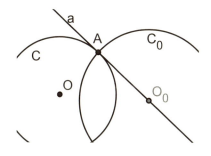

接線モード ▢ にして,点 A,円 $\mathcal{C}$ の順にクリックして接線 a を描く.直線 a の上に新しく点 O_0 を置き(置く場所はどこでもよい),O_0 を中心として A を通る円 $\mathcal{C}_0$ を描く.

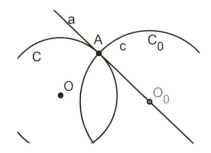

円に関する対称モード ▢ にして,円 $\mathcal{C}_0$,円 $\mathcal{C}$ の順にクリックする.すると,新たに描かれたはずの円の反転像が円 $\mathcal{C}_0$ に完全に重なってしまっていることが見てとれる.

証明. 図 4.1 において反転円 $\mathcal{C}$ の中心を O とし,半径を r であるとする.円 $\mathcal{C}_0$ の中心を O_0 とし,この円が反転円と直交するものとする.円 $\mathcal{C}$ と円 $\mathcal{C}_0$ の交点のうちの 1 つを A とする.角 OAO_0 が直角であることから,線分 OA は点 A で円 $\mathcal{C}_0$ に接する.

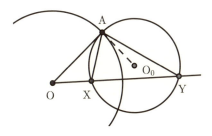

図 4.1

点 O を端点とする半直線であって,円 $\mathcal{C}_0$ と交わるようなものを任意に描き,円 $\mathcal{C}_0$ との 2 つの交点を X と Y とする(図 4.1).

このとき,方べきの定理より(または $\triangle OAX$ と $\triangle OYA$ が相似であることよ

り),$OA^2 = OX \cdot OY$ である.このことはただちに $OX \cdot OY = r^2$ であることになり,

$$F_{\mathcal{C}}(X) = Y, \quad F_{\mathcal{C}}(Y) = X$$

であることが示される.このことから,円 $\mathcal{C}_0$ 上の点の反転像はすべて $\mathcal{C}_0$ の上にあることがわかる.円 $\mathcal{C}_0$ の反転像は円であることから,円 $\mathcal{C}_0$ と一致する. □

この定理の逆も成り立つ.

命題 4.6 円 $\mathcal{C}$ と,その上に**ない**点 X を考える.点 X の反転像を $F_{\mathcal{C}}(X) = Y$ とおく.このとき,2 点 X, Y を通るような任意の円は円 $\mathcal{C}$ と直交する.

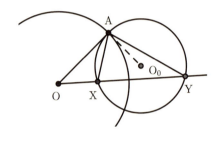

図 4.2

証明. 再び図 4.2 を用いる.円 $\mathcal{C}$ 上の点 A をとり,3 点 X, Y, A を通るような円 $\mathcal{C}_0$ を考え,その中心を O_0 とする.$F_{\mathcal{C}}(X) = Y$ より $OX \cdot OY = r^2$ であるから,△OAX と △OYA とは相似形である.

このことから ∠OAX = ∠OYA であって,法べきの定理の逆定理より,線分 OA は円 $\mathcal{C}_0$ と接している.このことから,∠OAO_0 は直角である.したがって,円 $\mathcal{C}$ と $\mathcal{C}_0$ とは直交する. □

4.5 反転による角度の保存

本節では,2 つの円 $\mathcal{C}_1, \mathcal{C}_2$ が角度 θ で交わっているとき,その反転像 $F(\mathcal{C}_1), F(\mathcal{C}_2)$ も角度 θ で交わっていることを証明する.

4.5.1 指定された点を通り，指定された直線に接するような直交円の存在

補題 4.7 円 C_0 上にない点 X と，X を通る直線 m を考える．このとき，X を通り，m に接し，かつ C_0 と直交する円が（ただ 1 つ）ある．

この問題を作図でまず解決しよう．

作図 4.6

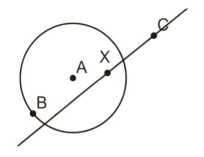

まず円 C_0 を描く（中心 A）．そののちに直線を描き，直線上の点の 1 つを点 X と命名する．ただし X が円 C_0 上に**ない**ように配置する．

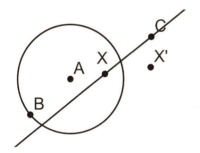

円に関する鏡映モードにして，点 X の反転像 X′ を描く．

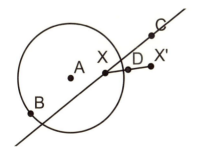

線分 XX′ と XX′ の中点 D を描く．

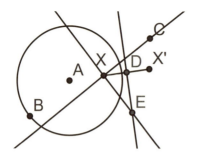

垂線モード ▱ にして，点 X を通る直線 XC の垂線と，点 D を通る XX' の垂線を描き，その交点を E とする．

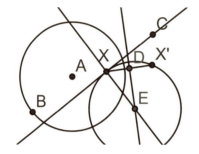

E を中心として X を通る円を描くとこれが求めるものである．

演習問題 4.3 この作図によって描かれた円が，(1) 直線 XC に接すること，(2) 円 $\mathcal{C}_0$ と直交することを証明せよ．

4.5.2 反転写像は角度を保つ

命題 4.8 円 $\mathcal{C}$ を固定し，交わる 2 円 $\mathcal{C}_1, \mathcal{C}_2$ を考え，鈍角 θ で交わるものとする．$\mathcal{C}$ に関する反転写像 F とするとき，$F(\mathcal{C}_1)$ と $F(\mathcal{C}_2)$ は角度 θ で交わる．

この命題の証明は，作図にもよらず，計算にもよらず，図形的に解決することができる．その証明はあとで紹介することにして，ここでは作図により観察して，複素座標で実際に計算して確かめてみることにする．

作図 4.7 反転写像が角度を保つことを作図で検証する.

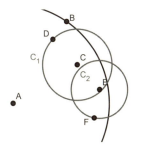

反転円 $\mathcal{C}$ をまず描き,それとは別に 2 つの円 $\mathcal{C}_1, \mathcal{C}_2$ を描く.あとから書いた $\mathcal{C}_1, \mathcal{C}_2$ は交わるように描く.

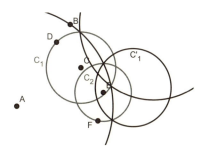

円による線対称 モードにして,$\mathcal{C}_1, \mathcal{C}$ の順に円をクリックする.こうすると $\mathcal{C}_1$ の反転像が得られる.引き続き $\mathcal{C}_2, \mathcal{C}$ の順に円をクリックする.こうすると $\mathcal{C}_2$ の反転像が得られる.この 2 つの反転像を順に $\mathcal{C}'_1, \mathcal{C}'_2$ とする.

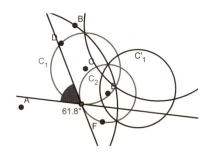

$\mathcal{C}_1$ と $\mathcal{C}_2$ のなす角度を左図のように作図で求める.

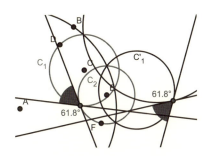

同じようにして $\mathcal{C}'_1$ と $\mathcal{C}'_2$ の角度も作図により求める.この 2 つの角度が一致していることが見てとれるだろう.

命題 4.8 の証明. 図 4.3 において $\mathcal{C}_1$ と $\mathcal{C}_2$ の交点の 1 つを X とする. X の反転像を $F(X) = Y$ とする. 点 X で円 $\mathcal{C}_1$ に接するような直線 m_1 を描く. 作図 4.6 により, 直線 m_1 に点 X で接し, かつ反転円 $\mathcal{C}$ に直交するような円が存在する. これを $\mathcal{C}_3$ とする. こうすることにより, $\mathcal{C}_1$ と $\mathcal{C}_3$ とは点 X で接することがわかる.

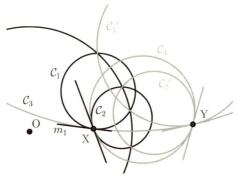

図 4.3

同じように考えて, 点 X で円 $\mathcal{C}_2$ に接するような直線 m_2 を描く. 作図 4.6 により, 直線 m_2 に点 X で接し, かつ反転円 $\mathcal{C}$ に直交するような円が存在する. これを $\mathcal{C}_4$ とする (図 4.4). $\mathcal{C}_2$ と $\mathcal{C}_4$ とは点 X で接する. 以上より $\mathcal{C}_1, \mathcal{C}_2$ のなす角 θ は, $\mathcal{C}_3, \mathcal{C}_4$ のなす角と等しい.

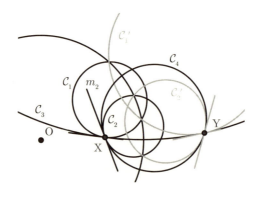

図 4.4

ここで，4 つの円 $\mathcal{C}_1, \mathcal{C}_2, \mathcal{C}_3, \mathcal{C}_4$ の反転像を考えよう．接する 2 円の反転像の節を用いると，$F(\mathcal{C}_1)$ と $F(\mathcal{C}_3)$ とは点 $F(X) = Y$ で接する．同様に $F(\mathcal{C}_1)$ と $F(\mathcal{C}_3)$ も点 Y で接する．このことから，$F(\mathcal{C}_1), F(\mathcal{C}_2)$ のなす角は，$F(\mathcal{C}_3), F(\mathcal{C}_4)$ のなす角と等しい．

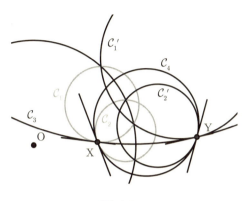

図 4.5

一方で，$\mathcal{C}_3, \mathcal{C}_4$ は反転円と直交していることから，$\mathcal{C}_3 = F(\mathcal{C}_3), \mathcal{C}_4 = F(\mathcal{C}_4)$ であり，$\mathcal{C}_3, \mathcal{C}_4$ のなす角は $F(\mathcal{C}_3), F(\mathcal{C}_4)$ のなす角と等しい．

以上のことがらを結びつけると $\mathcal{C}_1, \mathcal{C}_2$ のなす角が $F(\mathcal{C}_1), F(\mathcal{C}_2)$ のなす角と等しいことが示される． □

命題 4.8 の複素座標による証明． 反転円が原点中心であるものとしよう．

命題 2.16 により，円 $\mathcal{C}_1$ （中心が ξ_1 で半径が r_1），円 $\mathcal{C}_2$ （中心が ξ_2 で半径が r_2）の角度 θ は

$$\cos\theta = \pm \frac{|\xi_1 - \xi_2|^2 - r_1^2 - r_2^2}{2r_1 r_2}$$

である．2 円を反転写像 F で写した図形が（直線ではなく）円であると仮定すると，その中心と半径は演習問題 4.1 で得られている．実際に，$F(\mathcal{C}_1)$ は中心が $\dfrac{r_0^2 \xi_1}{|\xi_1|^2 - r_1^2}$ であり，半径が $\dfrac{r_0^2 r_1}{|\xi_1|^2 - r_1^2}$ である．$F(\mathcal{C}_2)$ は中心が $\dfrac{r_0^2 \xi_2}{|\xi_2|^2 - r_2^2}$ であり，半径が $\dfrac{r_0^2 r_2}{|\xi_2|^2 - r_2^2}$ である．

このことから，$F(\mathcal{C}_1)$ と $F(\mathcal{C}_2)$ とのなす角を φ とすると，上と同じ公式から

$$\cos\varphi = \pm \frac{\left|\dfrac{r_0^2\xi_1}{|\xi_1|^2-r_1^2} - \dfrac{r_0^2\xi_2}{|\xi_2|^2-r_2^2}\right|^2 - \left(\dfrac{r_0^2 r_1}{|\xi_1|^2-r_1^2}\right)^2 - \left(\dfrac{r_0^2 r_2}{|\xi_2|^2-r_2^2}\right)^2}{2\left(\dfrac{r_0^2 r_1}{|\xi_1|^2-r_1^2}\right)\left(\dfrac{r_0^2 r_2}{|\xi_2|^2-r_2^2}\right)}$$

公式 2.12(4) を使うと

$$(\text{分子}) = \frac{r_0^4|\xi_1|^2 - r_0^4 r_1^2}{(|\xi_1|^2-r_1^2)^2} + \frac{r_0^4|\xi_2|^2 - r_0^4 r_2^2}{(|\xi_2|^2-r_2^2)^2} - \frac{2r_0^4(\xi_1\bar\xi_2+\bar\xi_1\xi_2)}{(|\xi_1|^2-r_1^2)(|\xi_2|^2-r_2^2)}$$

$$= \frac{r_0^4}{|\xi_1|^2-r_1^2} + \frac{r_0^4}{|\xi_2|^2-r_2^2} - \frac{2r_0^4(\xi_1\bar\xi_2+\bar\xi_1\xi_2)}{(|\xi_1|^2-r_1^2)(|\xi_2|^2-r_2^2)}$$

分母分子を約分すると

$$\cos\varphi = \pm \frac{(|\xi_1|^2-r_1^2) + (|\xi_2|^2-r_2^2) - 2(\xi_1\bar\xi_2+\bar\xi_1\xi_2)}{2r_1 r_2}$$

$$= \pm \frac{|\xi_1-\xi_2|^2 - r_1^2 - r_2^2}{2r_1 r_2} = \cos\theta$$

以上により，（角度を 0 から直角の間で考えているということも含めて考えれば）$\theta = \varphi$ である． □

注意 4.9 円 $\mathcal{C}_1$ と $\mathcal{C}_2$ が接している場合は「角度 0」とみなせば，前の命題 4.4 で証明済みであると考えることもできる．

4.6 反転による複比の保存

定義 4.10（複比） 平面上に 4 点 X, Y, A, B があるとき，その複比を

$$(X, Y, A, B) = \frac{XA \cdot YB}{YA \cdot XB}$$

により定義する．

本節の目的は，反転写像により 4 点の複比が保たれるという命題を証明することにある．複比は双曲線分の長さを計算するときに現れる式であるが，ここで取り扱っておく．複比の値を図形的に与える直接的な形は見当たらないため，ここでは補助線と計算による証明を紹介する．

まず，補題を紹介し，その証明を行おう．

補題 4.11 平面上の 2 点 A, X について，その反転像をそれぞれ A′, X′ とすると以下が成立する．
    (1) $\triangle$OXA $\backsim$ $\triangle$OA′X′
    (2) XA : OX = X′A′ : OA′

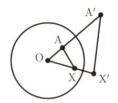

図 4.6

証明． 反転写像の定義により，反転の中心を O，反転円の半径を r とすると OX $\cdot$ OX′ = r^2 が成り立つ．同様に OA $\cdot$ OA′ = r^2 も成り立つ．このことから，OX : OA = OA′ : OX′ である．二辺比夾角相等条件が満たされることより $\triangle$OXA $\backsim$ $\triangle$OA′X′ である．辺の比を比較することにより XA : OX = X′A′ : OA′ も成り立つ． $\square$

命題 4.12 反転写像 F に対して，任意の 4 点 X, Y, A, B に対してその反転像をそれぞれ X′, Y′, A′, B′ とすると (X, Y, A, B) = (X′, Y′, A′, B′)

証明． 上の補題と同様に，次の 3 つの等式も得られる．

$$YB : OY = Y'B' : OB'$$

$$YA : OY = Y'A' : OA'$$

$$XB : OX = X'B' : OB'$$

ゆえに，

$$(X, Y, A, B) = \frac{XA \cdot YB}{YA \cdot XB}$$

$$= \frac{\left(X'A' \cdot \dfrac{OX}{OA'}\right) \cdot \left(Y'B' \cdot \dfrac{OY}{OB'}\right)}{\left(Y'A' \cdot \dfrac{OY}{OA'}\right) \cdot \left(X'B' \cdot \dfrac{OX}{OB'}\right)}$$

$$= \frac{X'A' \cdot Y'B'}{Y'A' \cdot X'B'}$$
$$= (X', Y', A', B')$$

したがって，題意が従う． □

第 5 章

ポアンカレディスクモデル

5.1　ポアンカレディスクモデル

　原点中心で半径 1 の円を S とし（これをあとで理想円を呼ぶことになる），円 S の内側にある点の集合を U とする（これをあとで双曲平面と呼ぶ．）まずは GeoGebra で中心を原点 $O(0,0)$ として半径が 1 であるような円を描いてみよう．

作図 5.1（単位円板）　単位円周を描こう．

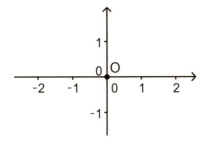

一番下にある「入力」の欄に「O=(0,0)」と書きこんで Enter キーを押す．（大文字のオー，イコール，カッコ，ゼロ，カンマ，ゼロ，カッコ閉じ．）

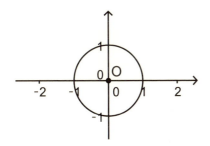

「入力」の欄に「Circle(O,1)」を書きこんで Enter キーを押す．（大文字のシー，アイ，アール，シー，エル，イー，カッコ，大文字のオー，カンマ，いち，カッコ閉じ．）

　この円の内側にある点の集合を U とするのである．U を「全世界」とするような幾何学世界を考え，双曲幾何学のポアンカレディスクモデルと呼ぶ．
　名前の由来について簡単に説明しておこう．U は数学用語として一般的に単位

円板（ユニットディスク）と呼ばれる集合で，またこの幾何学世界をポアンカレが草案したということから，この名前がある．この幾何学世界を遊びつくすのが本書後半の目的である．

U を集合の記号を用いて書き表してみよう．

定義 5.1（双曲平面，ポアンカレディスク） ポアンカレディスクモデルにおける双曲平面 U は $U = \{(x,y) \mid x^2 + y^2 < 1\}$ により定義される．

演習問題 5.1 U を複素座標を用いて表記してみよ．以降，同じ U という記号を用いることにする

注意 5.2 平面の領域について高校で習った読者は，ポアンカレディスクが境界線（つまり円周）を含んでいないことに気がつくだろう．境界を含むように設定したければ $x^2 + y^2 \leq 1$ と書かなければいけないのだが，そのようになっていない．あとで述べる通り，ポアンカレディスクの境界線はこの幾何学世界にとっての無限遠点に相当するのである．我々から見て無限遠点が見えてしまっていること（無限遠点と言っているのに，円周上という有限の世界にあること）に違和感があるかもしれないが，それは我々が外の世界からポアンカレディスクを見ているからである．ポアンカレディスクの中に住んでいる人にとっては，ポアンカレディスクの境界線である円周は到達することのできない無限に遠いところなのである．（無限に遠いことはあとで判明する．）

定義 5.3（双曲点，理想点） (1) ポアンカレディスクモデルの双曲平面 U に含まれる点を**双曲点**と呼ぶ．これは双曲世界に住んでいる人にとっての「点」だからである．

(2) 双曲平面 U の境界線（つまり，原点中心半径 1 の円周）を S と表記することにして，これを**理想円**と呼ぶ．理想円に含まれる点を**理想点**と呼ぶ．（ちなみに，双曲世界に住んでいる人にとって理想点は無限のかなたにあることがあとでわかる．）

注意 5.4 理想円 S は複素座標を使うと
$$S = \{z \in \mathbb{C} \mid |z| = 1\}$$
と表すことができる．

演習問題 5.2 上記の理想円 S を xy 座標の言葉を使って表現してみよ．

本章では，双曲幾何学の根幹をなす「双曲直線」，「双曲角度」を順に定義していく．

5.2 双曲直線

まず最初に双曲直線を次のように定義する．

定義 5.5（双曲直線） 双曲直線とは，円または直線（これらを総称して $\widehat{円}$ という）であって，理想円 S に直交するものをいう（図 5.1）．

図 5.1 理想円 S と双曲直線の例

注意 5.6 今，ポアンカレディスクモデルという 1 つの幾何学世界を導入するのに「双曲点」，次いで「双曲直線」を導入した．この定義の仕方で，きちんと幾何学世界が決まるのかどうかを確かめる方法は今はない．点とは何か，直線とは何かという哲学的命題はあとから考えることにして，まずは双曲直線を認めることにしよう．

注意 5.7 双曲直線の定義において，理想円と円（または理想円と直線）が直交するという概念を用いているが，これは，命題 2.16 の「$\widehat{円}$ と $\widehat{円}$ のなす角」に従って，「直角 = なす角が 90 度」と考えているのである．

このことから，「双曲直線が直線のときには，理想円の直径である」ということが想像できる．

命題 5.8 (1) 双曲直線が直線の場合，その直線は原点を通る．すなわち理想円の直径である．

(2) 双曲直線が円の場合，xy 座標を使ってその中心を A(x, y)，半径を r とすると等式

$$x^2 + y^2 = r^2 + 1$$

が成立する．

(3) 双曲直線が円の場合，複素座標を使ってその中心を A(z)，半径を r とすると等式

$$|z|^2 = r^2 + 1$$

が成立する．

命題 5.8 を作図により確認してみよう．

作図 5.2 理想円を描き，理想円に直交する直線とはどのような位置にあるかを試行錯誤してみよう．

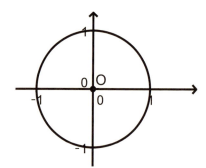

作図 5.1 の方法により理想円を描く．

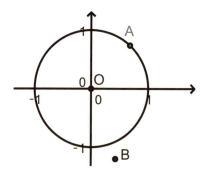

円上に 1 点 A を，自由な場所に 1 点 B を描く．（点 A を描くときには下段の「入力」の欄に「A=Point[c]」と書き込んでもよい．）

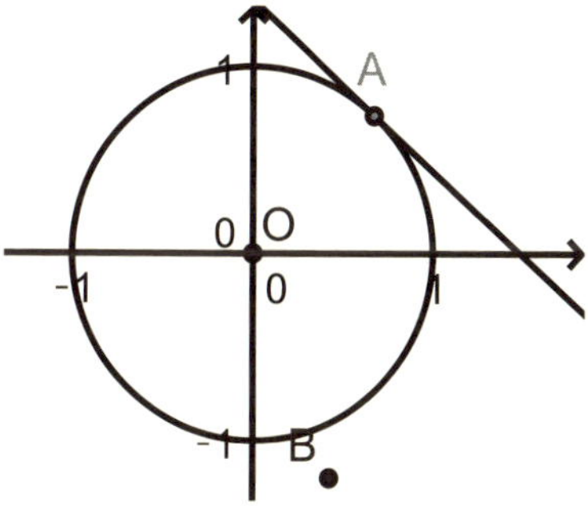

点 A を通る円の接線を描く．ツールバーから接線 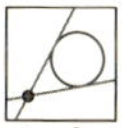 を選び「点 A, 円」の順にクリックする．

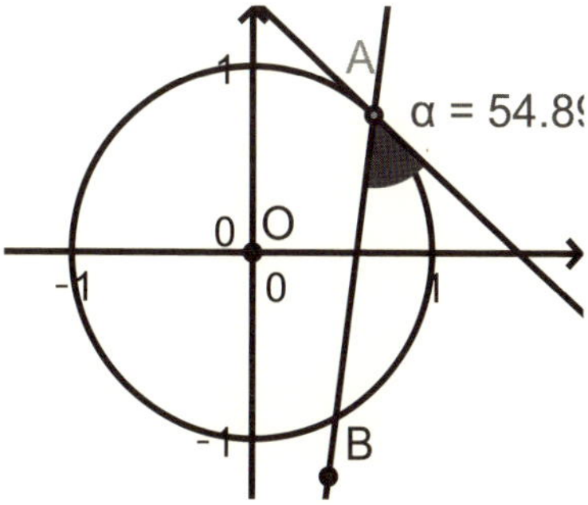

2 点 A, B を通る直線を描き，点 B を動かして接線と直交するような位置にすることを試みる．

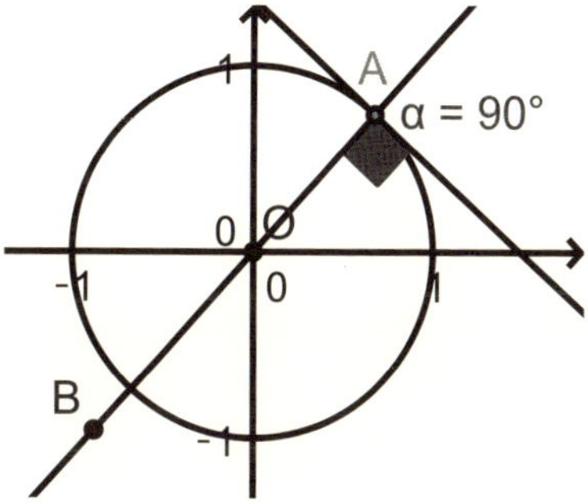

直線 AB が円に直交（点 B における接線と直交）する位置に調整すると，この直線は理想円 S の中心を通ることが観察できる．

この手順から容易に想像がつくように，そもそもが点 A を通る円の接線と，A を通るような円の直径とは直交する．このことから，接線と直交するような直線を描こうとすると，直径に重なる位置に描くしかないことがわかる．

作図 5.3 理想円を描き，理想円に直交する円とはどのような位置にあるかを試行錯誤してみよう．

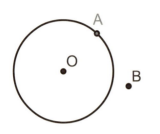

まず作図 5.1 にあるのと同じ方法で理想円を描く．以降は座標軸が煩わしいので表示させないことにする．（座標平面の何もないところで右クリックすると「座標軸」という選択肢があるのでここをクリックすればよい．）円上に点 A と円の上にない自由な場所の点 B とを描く．

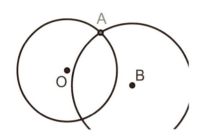

点 B を中心として点 A を通るような円を描く．

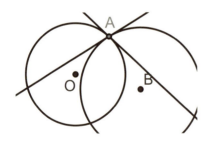

接線モード にして，点 A における円の接線（2 つの円のそれぞれ）を描く．

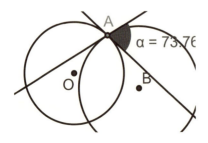

この 2 つの接線のなす角が理想円と円との角度であるが，これが直角になるような点 B の位置を探索してみる．

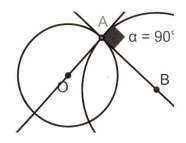

点 B が理想円の接線上にあるときが直交する条件であることがわかる.

命題 5.8(2) の証明. 理想円と直交する円を考えると，図はこのようになる.

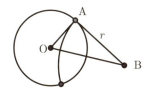

ここで，OA = 1, OB = $\sqrt{x^2+y^2}$, AB = r であり，角 OAB が直角であることから，三平方の定理より $x^2+y^2 = 1+r^2$ であることが従う. □

演習問題 5.3 命題 5.8(1), (3) についても同じように説明してみよ.

5.3 双曲平行線

平面幾何学について，読者はいろいろな用語を知っていることと思うが，「平行線」という用語に「双曲」の文字をつけて考えてみよう．双曲直線が導入されたので，双曲平行を考えることができる．

双曲平行線について考える前に，ユークリッド幾何での平行線について確認しておこう．

定義 5.9（平行線） 2 本の直線が交点をもたないときその 2 本の直線は平行であるという.

ユークリッド幾何での平行を図で表すと図 5.2 のようになる.

2 本のうちの 1 本の直線を固定して考えことにする．1 本の直線 AB に対して，AB に平行な直線はどのくらい種類があるだろうか？

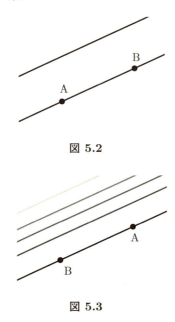

図 5.2

図 5.3

答えは明快で「たくさんある」である．図 5.3 を見れば明らかだろう．

もう少し条件を増やしたほうがいいかもしれない．1 本の直線 AB と 1 点 C に対して，C を通るような AB の平行線はどのくらい種類があるだろうか？

このことは実はすでに GeoGebra では体験済みである．平行線を引く作図 2.11 において，与えられた直線と与えられた点について，平行線を引くというモードを試していた．答えは「点 C が AB の上になければ[1]，平行線は 1 本引ける」となる．

双曲幾何学でも平行線はたくさん引けることに変わりがないので，1 本の直線 AB と 1 点 C に対して，C を通るような AB の平行線はどのくらい種類があるかという問題から考える．作図によってこの問題を解いてみよう．

---

[1] こういったことをわざわざ断るのは数学という学問の神経質なところだと感じるかもしれないが，誰にとっても正しいと判断できる内容を記述するという意味から，このような但し書きは必ずつけることになっている．

作図 5.4

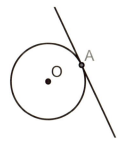

理想円 O を描き，円 O の上に点 A をとり，点 A における円 O の接線を描く．

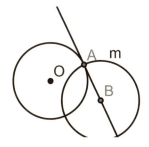

接線上に点 B をとり，B を中心として点 A を通る円を描く．これを円 m と名づける．円 m は理想円と直交しているので（正確に言うと，円 m のうちの単位円板の内側に当たる円弧の部分は）双曲直線である．

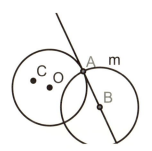

円 O の内側，かつ円 m の上にない点 C を自由な場所に描く．

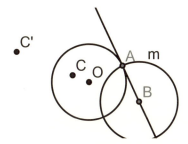

「円に関する点の鏡映」を選び，点 C，円 O の円周上の点を続けてクリックする．こうして，円 O に関する点 C の反転像 C′ を描く．

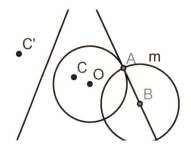

垂直二等分線モード「⊠」を選んで C, C' の順にクリックする．こうして CC' の垂直二等分線が描かれる．

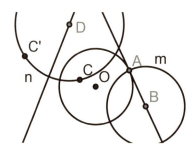

この直線の上に点 D をとり，D を中心として C を通る円を描く．これを円 n とする．

こうして描かれた円 n は理想円 O と直交している（このことは命題 4.6 より従う）ので，双曲直線である．点 D を自由に動かすことによって，双曲直線 m と交わらないような双曲直線 n をいくつも描くことができる．そのような図において双曲直線 n は m と双曲平行であるが，双曲直線 n はいつでも点 C を通っているということと，点 D をある程度自由に動かせるということを考えると，点 C を通るような m の平行線は無数の引き方があるという結論が得られる．

演習問題 5.4 実際に作図 5.4 を行ってみて，点 C を通るような双曲直線 m の平行線が無数にあることを確かめよ．

このように，（定点 A を通るような）双曲平行線は無数に引けることがわかった．このことはユークリッド幾何学では見られなかった現象である．

双曲平行線について話を続けよう．上の議論では「平行線＝交点のない 2 直線」と解釈した．これはこれで正しいのであるが，平行線を別解釈した場合は双曲平行線の概念は変わるだろうか？

今，我々は平面 $\mathbb{R}^2$ だけではなく，無限遠点を追加した空間 $\widehat{\mathbb{R}}^2 = \mathbb{R}^2 \cup \{\infty\}$ を考えている．そうすると，「平行線＝無限遠点のみで交差する 2 直線」と解釈することも可能である．そこで双曲幾何世界において「無限遠点」を「理想点」と読み

替えて，次のような作図問題を考えてみよう．

命題 5.10 任意に与えられた双曲直線 m と，1 点 A（ただし m の上にはない 1 点）に対して，A を通り m と理想点を共有するような双曲直線が 2 つ存在する．このような双曲直線を**代数的平行線**と呼ぶ．

作図 5.5

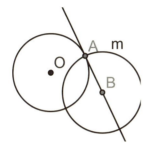

理想円 O を描き，双曲直線を 1 つ描く（作図 5.4 の第 3 ステップまでと同じ）．

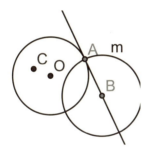

円 O の内側，かつ円 m の上にない点 C を自由な場所に描く．

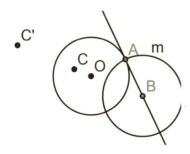

「円に関する点の鏡映 」を選び，点 C，円 O の円周上を続けてクリックする．こうすると，円 O に関する点 C の反転像 C' が描かれる．

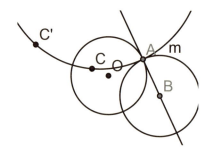

「3点で決まる円 ◯」を選び，点 A, C, C' をクリックする．これで，点 C を通り理想点 A も通る双曲直線を描くことができる．

この作図は，双曲直線 m のもう 1 つの理想点についても行うことができて，それら両方を描くとこのようになる．

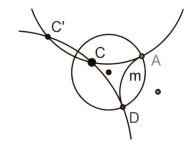

理想点を共有するような直線を代数的平行線と呼ぶことにしていたが，このことを xy 座標による計算で求めてみよう．

命題 5.10 の証明．まず，双曲直線 m と点 C の座標が与えられているものとしよう．m は直線（理想円の直径）の場合と円の場合があるが，ここでは円の場合について式を立ててみよう．双曲直線 m が「中心 (x_1, y_1)，半径 r_1」であり，点 C が (x_2, y_2) であるとしよう．これらは与えられた定数であると考える．この条件から，m と理想点を共有するような双曲直線 n を求めるのが我々の現在のミッションである．まずは図を見てみよう．

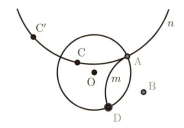

求める双曲直線 n の中心の座標と半径とが未知数である．中心を (X,Y), 半径を R とする．

（条件 1）m, n は双曲直線である．
$$x_1^2 + y_1^2 = r_1^2 + 1 \tag{5.3.1}$$
$$X^2 + Y^2 = R^2 + 1 \tag{5.3.2}$$

（条件 2）n は点 C を通る．
$$(X - x_2)^2 + (Y - y_2)^2 = R^2$$
$$(X^2 + Y^2) + (x_2^2 + y_2^2) - 2(Xx_2 + Yy_2) = R^2 \tag{5.3.3}$$

（条件 3）n は m と接する．（上の図に従って，外接するとして立式する．）
$$(X - x_1)^2 + (Y - y_1)^2 = (R + r_1)^2$$
$$(X^2 + Y^2) + (x_1^2 + y_1^2) - 2(Xx_1 + Yy_1) = R^2 + r_1^2 + 2r_1 R \tag{5.3.4}$$

（条件 4）点 C は円 O の内側，円 m の外側にある．
$$x_2^2 + y_2^2 < 1, \quad (x_1 - x_2)^2 + (y_1 - y_2)^2 > r_1^2 \tag{5.3.5}$$

式 (5.3.4) に (5.3.1) と (5.3.2) を代入することにより
$$2 - 2(Xx_1 + Yy_1) = 2r_1 R \tag{5.3.6}$$
を得る．

式 (5.3.3) に (5.3.2) を代入することにより
$$1 + (x_2^2 + y_2^2) - 2(Xx_2 + Yy_2) = 0 \tag{5.3.7}$$
を得る．さて，点 $\mathrm{C}(x_2, y_2)$ の場所による場合分けを行おう．最初に C が原点 O でないと仮定する．（あとで C = O の場合も考察する．）そうすると，x_2, y_2 の少なくともどちらか一方は 0 でないことになる．そこで，$y_2 \neq 0$ を仮定することにする．（$x_2 \neq 0$ の場合も同様の考察で示すことができる．）式 (5.3.6), (5.3.7) は
$$R = \frac{1 - x_1 X - y_1 Y}{r_1} \tag{5.3.8}$$
$$Y = \frac{1 + x_2^2 + y_2^2 - 2x_2 X}{2y_2} \tag{5.3.9}$$
と変形できる．これらを式 (5.3.2) に代入することにより，未知数 X についての

2 次方程式を得る．この式を代入，展開して形を整えるためには大変な忍耐と計算スキルが必要と思われるが，結果のみを述べることにする．

式 (5.3.2) に (5.3.8), (5.3.9) を代入することにより
$$pX^2 + qX + r = 0$$
の形へ変形することができ，係数 p, q, r はそれぞれ
$$p = 4((x_1 x_2 + y_1 y_2)^2 - (x_2^2 + y_2^2))$$
$$q = 4r_1^2 x_2(x_2^2 + y_2^2 + 1) - 4(y_1(x_2^2 + y_2^2 + 1) - 2y_2)(x_2 y_1 + x_1 y_2)$$
$$r = -(y_1(x_2^2 + y_2^2 + 1) - 2y_2)^2 + r_1^2((x_2^2 + y_2^2 + 1)^2 - 4y_2^2)$$
であって，$d = 4r_1 y_2(x_2^2 + y_2^2 + 1 - 2x_1 x_2 - 2y_1 y_2)$ とおくと
$$X = \frac{-q \pm d}{2p}$$
となる．

このことから，重解かもしれないがともかく実数の解をもつことが確かめられた．X について，2 つの異なる実数解をもつことを確かめるためには，$p \neq 0$ と $d > 0$ を確かめなければならない．この作業は演習として残しておくことにする．

演習問題 5.5 (1) 上の p, q, r, d を検算せよ．結果がわかっていて検算することは（それはそれで大変だが）できなくもないかもしれない．まったくヒントがなく（つまり筆者はそうしたわけだが）p, q, r, d の式を求めるにはどのような工夫が必要だろうか？

(2) 上の式で $p \neq 0$ と「点 C は直線 OA 上になく，直線 OD 上にもない」ことが必要十分条件であることを示せ．つまり今は $p \neq 0$ を仮定してよいことになる．

(3) 上の式で $d > 0$ と「点 C は双曲直線 m 上にない」という条件と必要十分条件であることを示せ．つまり今は $d > 0$ を仮定してよいことになる．

さて，上の計算はまだ終わっていない．計算の途中で $(x_2, y_2) \neq (0, 0)$ を仮定した．もし $(x_2, y_2) = (0, 0)$ だとしたら証明はどのようになるだろうか．これは点 C が原点にある場合であって，この場合には求める双曲直線は直径になる．円 m は原点を通らないことから，原点から円 m へ 2 本の接線を引くことができて，この 2 本はどちらも双曲直線であり，かつ代数的平行線である．このことから，

計算によらず命題が正しいことを示すことができる．以上で計算による証明は完了する． □

演習問題 5.6　(1) 上の証明で $(x_2, y_2) = (0, 0)$ の場合の図を描いてみよ．
(2) 双曲直線 m が直線の場合にも立式して証明してみよ．

5.4　双曲角度

2本の双曲直線が交わっていたとき，その間の角度を考えることができる．ここでは「なぜ，どうして」ということを問うことなく，双曲定義を与えることにする．双曲角度の応用の実際については，次章以降で述べることにする．

定義 5.11（双曲角度）　2本の双曲直線 m, n があり，単位円板 U の内部にある点 A で交わっているものとする．このとき，A におけるそれぞれの双曲直線の接線のなす角度（円どうしの角度）を双曲角度であると定める．

第 6 章

双曲直線の性質

ポアンカレモデルにおける双曲直線の定義を復習しておこう.

定義 6.1（双曲直線） ポアンカレ理想円 S（=中心を原点とする半径 1 の円）に直交する $\widehat{円}$, またはその一部を双曲直線という.

このことを今一度復習しておくと $\widehat{円}$ とはユークリッド平面における円または直線の総称である. ポアンカレ理想円 S と $\widehat{円}$ ℓ とが直交するような状況とは,

(場合 1) ℓ が直線であって, ポアンカレ理想円の直径を含むような場合（原点を通るような場合と言い換えても同じことである），

(場合 2) ℓ が中心 (x,y), 半径 r の円であって, $x^2+y^2=r^2+1$ を満たす場合（命題 5.8 を参照せよ）

のいずれかである.

本章では, 双曲直線を 1 つに定めるための条件についていくつかのパターンを考えてみることにする.

6.1 中心が与えられたときの双曲直線

双曲直線が円で与えられる場合，円の半径はわからないが円の中心だけ先にわかるという状況は実は頻繁に起こりうる. この場合の双曲直線について求めてみよう.

命題 6.2（中心で決まる双曲直線（xy 座標）） 点 $\mathrm{C}(x,y)$ をポアンカレディスク U の外にある点であるとする.（したがって関係式 $x^2+y^2>1$ を満たすものと仮定している.）このとき, 双曲直線を与える円の半径は

$$r=\sqrt{x^2+y^2-1}$$

によって与えられる.

証明. 上記の思い出しにより，双曲直線が円で与えられるときには関係式 $x^2 + y^2 = r^2 + 1$ が成立する．この式を r について解くことにより与式を得る．関係式 $x^2 + y^2 > 1$ により平方根の中が必ず正になることも確認しておこう． □

演習問題 6.1 点 C の複素座標を ξ であるとし，C をポアンカレディスク U の外にある点であるとする．（したがって関係式 $|\xi| > 1$ を満たすものと仮定している．）このとき，双曲直線を与える円の半径は
$$r = \sqrt{|\xi|^2 - 1}$$
によって与えられることを示せ．

作図 6.1（中心で決まる双曲直線（作図）） 点 C がポアンカレディスク U の外にあるとして，C を中心とするような双曲直線を作図する．

理想円の中心 O と点 C の中点を A とする．

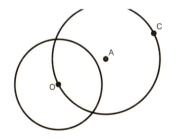

中心を A として，原点 O と点 C を通るような円 $\mathcal{C}$ を描く．

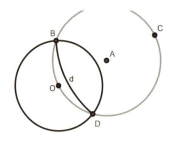

2円の交点を B, D として，中心を C として B を通るような円を描く．これが求めるものである．

作図 6.1 の証明． A を中心とする円について，OC はこの円の直径であることから，∠OBC は直角である．このことから円 O と円 C とは直交し，すなわち円 C は双曲直線を与える． □

6.2 異なる 2 つの理想点を通る双曲直線

次は，理想円上の異なる 2 点 A, B を固定し，この 2 点を通るような双曲直線の存在を示そう．

命題 6.3 ポアンカレ理想円 S 上の異なる 2 点 A, B を固定すると，この 2 点を通るような双曲直線はただ 1 つ存在する．

注意 6.4 もし 2 点 A, B が直径の両端である（つまり，線分 AB が原点 O を通る）ならば，この 2 点を通るような双曲直線は直径 AB に他ならない．

複素座標による証明． 理想円の上にある 2 点 $A(\eta), B(\zeta)$ はそれぞれ

$$|\eta| = 1, \quad |\zeta| = 1 \tag{6.2.1}$$

を満たす．求める円弧の中心を $C(\xi)$, 半径を r と仮定すると，この円弧が A, B を通ることから

$$|\eta - \xi| = r, \quad |\zeta - \xi| = r \tag{6.2.2}$$

を満たす．また，円弧が理想円 S に直交することから

$$|\xi|^2 = r^2 + 1 \tag{6.2.3}$$

式 (6.2.2) の第 1 式より

$$(\eta - \xi)(\overline{\eta} - \overline{\xi}) = r^2$$

$$|\eta|^2 - \xi\overline{\eta} - \eta\overline{\xi} + |\xi|^2 = r^2$$
$$2 - \xi\overline{\eta} - \eta\overline{\xi} = 0 \tag{6.2.4}$$

同じように式 (6.2.2) の第 2 式より

$$2 - \xi\overline{\zeta} - \zeta\overline{\xi} = 0 \tag{6.2.5}$$

を得る．連立式 (6.2.4), (6.2.5) を ξ について解くと，

$$\xi = \frac{2(\zeta - \eta)}{\overline{\eta}\zeta - \overline{\zeta}\eta} \tag{6.2.6}$$

（ただし $\overline{\eta}\zeta - \overline{\zeta}\eta \neq 0$ の場合に限る）となる．命題 6.2 から，中心が与えられれば双曲直線は 1 つに定まり，題意は証明された． $\square$

演習問題 6.2 (1) (6.2.4), (6.2.5) を導出せよ．
(2) (6.2.4), (6.2.5) を $\overline{\xi}$ について解くこともできる．このときの $\overline{\xi}$ と (6.2.6) とを比較せよ．
(3) $\overline{\eta}\zeta - \overline{\zeta}\eta = 0$ が満たされるとき，図はどのようになるか．この場合について命題を計算により解決せよ．

演習問題 6.3 (1) 理想円の上にある 2 点 $\mathrm{A}(x_1, y_1), \mathrm{B}(x_2, y_2)$ に対して，求める双曲直線の円弧の中心を $\mathrm{C}(x_0, y_0)$ と仮定すると，

$$x_0 = \frac{y_2 - y_1}{x_1 y_2 - x_2 y_1}, \quad y_0 = \frac{x_1 - x_2}{x_1 y_2 - x_2 y_1}$$

であることを示せ．
(2) $x_1 y_2 - x_2 y_1 = 0$ の場合とはそもそもどのような図になるかを調べ，その場合の解を計算により求めよ．

作図 6.2（2 つの理想点を通るような双曲直線）

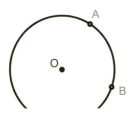

理想円 S の上に異なる 2 点 A, B をとる．

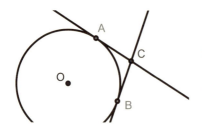

接線モード ￼ にして，A を通るような円 O の接線を引く．同様に B を通るような円 O の接線を引く．

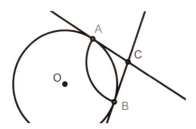

2 本の接線の交点を C とし，中心を C として点 A を通るような円弧を描く．これが求めるものである．

演習問題 6.4 この作図の正当性を証明せよ．

6.3 双曲平面内の異なる 2 点を通る双曲直線

命題 6.5 平面 $\mathbb{R}$ の上の任意の異なる 2 点 A, B を固定すると，この 2 点を通るような双曲直線はただ 1 つ存在する．特に，2 点 A, B が双曲平面 U の上にあるときにもこのことは成立する．

複素座標による証明． 平面 $\mathbb{R}$ の上の任意の異なる 2 点 $A(\eta), B(\zeta)$ を固定する．求める双曲直線を表す円弧の中心を $C(\xi)$，半径を r と仮定する．この円弧が A, B を通ることから

$$|\eta - \xi|^2 = r^2, \quad |\zeta - \xi|^2 = r^2 \tag{6.3.1}$$

を満たす．また，円弧が理想円 S に直交することから

$$|\xi|^2 = r^2 + 1 \tag{6.3.2}$$

式 (6.3.1) に式 (6.3.2) を代入すると

$$\overline{\eta}\xi + \eta\overline{\xi} = 1 + |\eta|^2,$$
$$\overline{\zeta}\xi + \zeta\overline{\xi} = 1 + |\zeta|^2 \tag{6.3.3}$$

を得る．この連立式 (6.3.3) を ξ について解くと，

$$\xi = \frac{\zeta(|\eta|^2 + 1) - \eta(|\zeta|^2 + 1)}{\zeta\overline{\eta} - \eta\overline{\zeta}} \tag{6.3.4}$$

（ただし $\zeta\overline{\eta} - \eta\overline{\zeta} \neq 0$ の場合に限る）となる．定理 6.2 から，中心が与えられれば双曲直線は 1 つに定まり，題意は証明された． □

演習問題 6.5 上と同じ証明を xy 座標でも行ってみよ．

作図 6.3（異なる 2 点を通るような双曲直線）

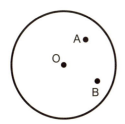

理想円の内側に 2 点 A, B があるとする．

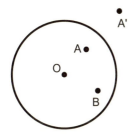

円に関する鏡像モード を用いて，点 A の（理想円に関する）反転像を求め，これを A′ とする．

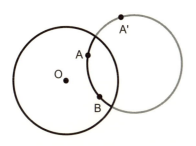

3 点を通る円モード を用いて 3 点 A, B, A′ を通る円を描くと，これが求める双曲直線である．

演習問題 6.6 この作図の正当性を証明せよ.

6.4 1 点を通り,与えられたベクトルに接する双曲直線

命題 6.6 単位円板 U の上の点 A と,この点を始点とするようなベクトル AB を任意に与えたとき,点 A を通りベクトル AB に接するような双曲直線が 1 つ定まる.

作図としては作図 4.6 と同じことになるので,ここでは複素座標による計算を載せよう.

複素座標による証明. 平面 $\mathbb{R}$ の上の任意の異なる点 A の座標が A(η) であるとし,ベクトル AB を複素座標で (ζ) で与えられているものとする.ただしここで,ベクトル AB の長さが 1 であるものと仮定する.すなわち $|\zeta|=1$ を仮定する.求めるべき双曲直線を表す円弧の中心が C(ξ) で半径が r であるものとする.点 A を通るということから

$$|\eta - \xi| = r \tag{6.4.1}$$

点 A で円がベクトル AB に接することから,$\xi - \eta$ は ζ と直交していることになる.(6.4.1) 式より,ξ は

$$\xi - \eta = \pm ri\zeta \tag{6.4.2}$$

と表される.双曲直線を表していることから

$$|\xi|^2 = r^2 + 1 \tag{6.4.3}$$

が得られる.(6.4.2) を ξ について解いて (6.4.3) に代入すると

$$|\eta|^2 + |ir\zeta|^2 \pm ir(\overline{\eta}\zeta - \eta\overline{\zeta}) = r^2 + 1$$

$$\pm ir = \frac{1 - |\eta|^2}{\overline{\eta}\zeta - \eta\overline{\zeta}}$$

であり,これを (6.4.2) に入れ直すと

$$\xi = \eta + \frac{(1 - |\eta|^2)\zeta}{\overline{\eta}\zeta - \eta\overline{\zeta}}$$

を得る. □

演習問題 6.7 同じ作図問題を xy 座標で解いてみよ．

6.5 双曲直線の交点

命題 6.7 2 つの双曲直線は交わらないか，または 1 点で交わる．

このことを作図で確認してみよう．

作図 6.4

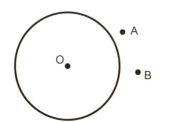

単位円（理想円）を描き，円の外側に 2 点 A, B を描く．

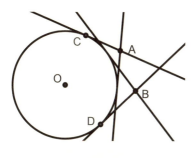

接線モードにして，点 A から理想円へ接線を描く．この方法で接線が 2 つ描かれる．B についても同様に理想円への接線を描く．

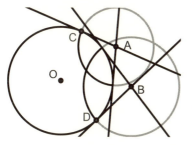

A, B のそれぞれを中心とするような双曲直線を描く．図では単位円板 U の内部では 1 回交わっていることが確認できる．

命題 6.7 の証明. 2 つの双曲直線 m_1, m_2 が U の上にある異なる 2 ヶ所 A, B で交わったと仮定して矛盾を導く. m_1, m_2 を U の外まで延長して円と考えれば $F(m_1) = m_1, F(m_2) = m_2$ である. このことから, $F(A), F(B)$ は U の外側にあり, かつ m_1, m_2 の共通部分に含まれる. A, B が U の内部にある異なる 2 点であるという仮定より, $A, B, F(A), F(B)$ は m_1, m_2 の共通部分に含まれる異なる 4 点ということになる. しかし 2 つの円は多くとも 2 点でしか交わらないので, このことは矛盾である. したがって, U の上にある異なる 2 ヶ所 A, B で交わることはありえず, U の上では多くとも 1 か所で交わることが示された. □

第 7 章
双曲合同変換

7.1 双曲直線による反転写像

命題 7.1 m を双曲直線,F_m を m に関する反転写像(もし m が双曲平面 U の直径のときには線対称写像)とすると,任意の $A \in U$ に対して $F_m(A) \in U$ である(図 7.1).

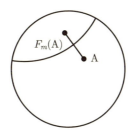

図 7.1

証明. 双曲直線 m が単位円板 U の直径のときは,「単位円板は直径に関して線対称」であることから,ただちに上の命題が従う.

m が円弧の場合について証明しよう.m の中心を B とし,半直線 BA を考える.B は単位円板 U の外にあり,点 A は U の内側にあるので,半直線 BA は理想円 S と 2 回交わる.この 2 点を X, Y とする(図 7.2).

AB と双曲直線 m の交差点を Z とする.S と m が直交していることより,S を F_m で写すと S に重なる.(命題 4.5 より.)つまり $F_m(S) = S$ である.このことより,$F_m(X) = Y, F_m(Y) = X$ であることがわかる.Z は m 上の点なので,$F_m(Z) = Z$ である.このことから,ユークリッド線分 XZ は F_m によって

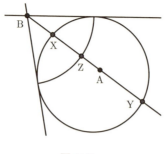

図 7.2

線分 YZ へ写されることが示される．ゆえに，もし A が XZ 上ならば $F_m(A)$ は YZ 上であり，もし A が YZ 上ならば $F_m(A)$ は XZ 上にある．いずれにせよ $F_m(A)$ は S の内側（つまり U の要素）である． □

命題 7.2 双曲直線 m に関する反転写像を F_m とする．このとき，m とは別の双曲直線 n についてその反転像 $F_m(n)$ は再び双曲直線である．

証明． 第 4 章で証明したいくつかの命題を思い出しながら証明しよう．まず，双曲直線 n は$\widehat{円}$であることを思い出すと，「反転写像による$\widehat{円}$の像は再び$\widehat{円}$である（命題 4.1）」によって，$F_m(n)$ は$\widehat{円}$である．次に「反転写像により$\widehat{円}$のなす角が保存される（命題 4.8）」により，S と n のなす角と $F_m(S)$ と $F_m(n)$ のなす角は等しい．S と n は直交していることから，$S = F_m(S)$ と $F_m(n)$ も直交している．以上より，$F_m(n)$ は S と直交する$\widehat{円}$なので，双曲直線であることが示された． □

7.2 双曲直線による反転は角度を保つ

命題 7.3 双曲直線 m について，その反転写像を F_m とする．これとは別に 2 つの双曲直線 n_1, n_2 が交差しているとするとき，n_1, n_2 のなす角度と $F_m(n_1), F_m(n_2)$ のなす角度とは等しい．

この定理は円の反転写像によって 2 つの$\widehat{円}$のなす角度は保たれるという性質（命題 4.8）があり，この性質により，上の命題はただちに正当化される．このことから，改めて角度の計算をして確かめることはここでは省略する．

7.3 双曲合同変換の定義

ここまで,「双曲直線の定義」,「双曲直線のなす角度の定義」を前提として「双曲直線による反転写像」を考えてきた.その結果,「双曲直線は双曲直線へ写される」,「双曲直線のなす角度は保たれる」ということがわかった.しかし本書ではまだ「双曲長」について定義を行っていない.

そこで,やや本末転倒であることを承知のうえで,次のように双曲長を定義することにする.

定義 7.4 (双曲長の内包的な定義) 双曲平面 U に属する任意の 2 点 A, B に対して双曲長 $\overline{\text{AB}}$ を,次のルールを満たすものとして定義する.

(ルール 1) 双曲長は 0 以上である.さらに,同一の点の間の双曲長は 0, つまり $\overline{\text{AA}} = 0$ である.

(ルール 2) ある双曲直線 n 上に 3 点 A, B, C がこの順番で並んでいるものと仮定するとき,$\overline{\text{AC}} = \overline{\text{AB}} + \overline{\text{BC}}$ である.

(ルール 3) 任意の双曲直線 m による反転写像 F_m について,双曲長は不変である.つまり $\overline{\text{AB}} = \overline{F_m(\text{A})F_m(\text{B})}$ である.

注意 7.5 以降,2 点 A, B の間の双曲長を $\overline{\text{AB}}$ と書くことにするが,2 点 A, B の間のユークリッド長(A, B をユークリッド線分で結んだときのその線分のユークリッド的な長さ)を単に AB と記述することは,これまでと変わらない.

この双曲長の定義と一体化して,次のように定義する.

定義 7.6 (双曲合同写像) 双曲直線による反転写像,および,双曲直線による反転写像の合成写像[1])を双曲合同写像とする.

通常のユークリッド幾何学では我々は「合同=回転や平行移動=長さと角度を保つような写像」という意味合いで考えている.上の双曲長の定義では「双曲直線による反転写像について,双曲長は不変である」と主張しているので,双曲直線による反転写像について,双曲角は不変である」という命題と併せて考えると,この定義は極めて自然であるということができる.

---

[1]) 合成写像とは,2 つ以上の写像があったときに,双曲平面の点を続けて写すことである.たとえば F_1, と F_2 という反転写像があったときに,その合成写像を $F_1 \circ F_2$ と記述するが,その意味は,$F_1 \circ F_2(\text{X}) = F_1(F_2(\text{X}))$ ということである.多少注意すべき点としては,$F_1 \circ F_2$ と書くときには F_2 でまず点を写して,そののちに F_1 で写すということである.

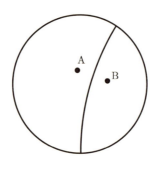

図 7.3　垂直二等分線

7.4　垂直二等分線

双曲平面内の異なる 2 点について，（双曲幾何の意味での）その垂直二等分線を作図してみよう．

双曲長は上の章で定義したものであるが，この定義から垂直二等分線を定めることができる．それは次のような理由による．

定義 7.7（垂直二等分線） 双曲平面上の異なる 2 点 A, B について，m に関する反転写像 F_m が $F_m(A) = B$ を満たすような双曲直線 m のことを A, B の垂直二等分線と定義する（図 7.3）．

この問題について，まず作図によって解決をしよう．とはいうものの，垂直二等分線の作図を自力発見することは非常に難しい．以下に紹介する方法を知ったあとでも，なぜこの作図で垂直二等分線が作図されているのかを理解するのは難しいのではないかと思う．

演習問題 7.1 垂直二等分線の作図について，一度は自力による解決を試みよ．

作図 7.1

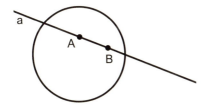

単位円 S を描き，円の内部に異なる 2 点 A, B を描く．2 点 A, B を通る直線 a を描く．（求める双曲直線の中心はこの直線上にある．）

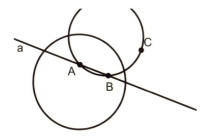

2 点 A, B と異なる点 C を描く．◯ を用いてこの 3 点 A, B, C を通る円 c を描く．必要があれば，点 C を動かして，この円が理想円 S と交わるような位置にする．

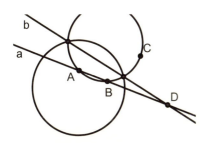

理想円 S と円 c との 2 つの交点を通る直線 b を描き，2 直線 a, b の交点を D とする．

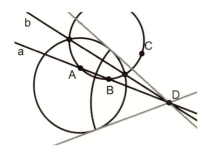

点 D を中心とする双曲直線を描く．これが求める垂直二等分線である．

演習問題 7.2 この作図をしたのち，点 C を動かしてみよ．C の位置によらず垂直二等分線が 1 つに求まることを確認せよ．

証明． 上記の作図について，頂点の名前を図 7.4 のように決める．

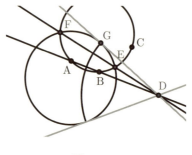

図 7.4

このとき，ABEF が内接四角形であることに方べきの定理を適用して，
$$AD \cdot BD = ED \cdot FD$$
を得る．次に，三角形 DGF について方べきの定理を適用して，
$$ED \cdot FD = GD^2$$
を得る．この 2 つの式より
$$AD \cdot BD = GD^2$$
を得るが，このことはただちに A が B の反転像であることを意味している． □

演習問題 7.3 次の方法によっても垂直二等分線を作図することができる．実際に作図してみて，なぜこれで作図できるのかを証明せよ．

A, B はどちらも原点ではないものとし，それぞれの理想円による反転像を A', B' とする．直線 AB と直線 $A'B'$ との交点を C とし，この C を中心とするような双曲直線を描くと，求める垂直二等分線になる．

垂直二等分線が作図によって求まることは証明されたが，同じことを複素座標でも証明しておこう．

命題 7.8 異なる 2 点 $A(\zeta)$ と $B(\xi)$ に対して，その垂直二等分線となる$\widehat{\text{円}}$の中

心は
$$\frac{\xi(\zeta\overline{\xi}+1) - \zeta(\overline{\zeta}\xi+1)}{|\xi|^2 - |\zeta|^2}$$
で与えられる．（したがって特に，垂直二等分線は，A, B が与えられれば一意的に定まる．）

証明． 図 7.4 と同じ図で考える．求める円の中心を $D(\eta)$ とし，その半径を r とする．点 A が点 B の反転像であることから
$$\zeta - \eta = \frac{r^2}{\overline{\xi} - \overline{\eta}}$$
が得られる．求める円が理想円 S と直交することから
$$|\eta|^2 = r^2 + 1$$
を得る．第 1 式の分母を払って
$$\zeta\overline{\xi} - \zeta\overline{\eta} - \overline{\xi}\eta + |\eta|^2 = r^2$$
であり，これに第 2 式を代入して整理すると
$$\zeta\overline{\eta} + \overline{\xi}\eta = \zeta\overline{\xi} + 1$$
となる．この式の複素共役
$$\xi\overline{\eta} + \overline{\zeta}\eta = \overline{\zeta}\xi + 1$$
を連立させて η について解くと
$$\eta = \frac{\xi(\zeta\overline{\xi}+1) - \zeta(\overline{\zeta}\xi+1)}{|\xi|^2 - |\zeta|^2}$$
が得られる．これが求める式である．中心が決定されれば，$|\eta|^2 = r^2 + 1$ により半径も一意的に決定される． □

演習問題 7.4 この命題の式の分母が 0 となる必要十分条件は $|\xi| = |\zeta|$ であるが，この条件を図形的に説明せよ．この場合には垂直二等分線はどのようになるか．

命題 7.9 (1) A, B を任意の異なる 2 点とする．上記の定義による A, B の垂直二等分線を m とする．このとき双曲直線 AB と m とは直交する．

(2) m の上の任意の点 C に対して，$\overline{AC} = \overline{BC}$ である．

(3) 点 C が $\overline{AC} = \overline{BC}$ を満たすならば，C は m の上の点である．

命題 7.9 の証明． この証明は計算によらず，垂直二等分線の定義から読み解くことができる．

(1) m に関する反転写像を F_m で表すと，垂直二等分線の定義により $F_m(A) =$ B, $F_m(B) = $ A である．このことから，双曲直線 AB を F_m で写した反転像は $(F_m(A), F_m(B))$ の 2 点を通らなければいけないという理由から）AB 自身である．命題 4.5 により，このとき m と AB とは直交することが示される．

(2) 反転写像 F_m により，$F_m(A) = $ B, $F_m(C) = $ C なので，双曲線分 AC の反転像は BC である．このことから双曲長の定義により，$\overline{AC} = \overline{BC}$ である．

(3) この命題の証明にはいくらかの準備が必要なので，命題 7.15 で行う． □

7.5 双曲中点の作図

2 点に対して，その 2 点の双曲中点を考えよう．

定義 7.10 双曲平面上の 2 点 A, B について，双曲直線 AB 上にあって，$\overline{AX} = \overline{BX}$ となる点 X を 2 点の双曲中点という．

作図 7.2

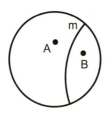

異なる 2 点 A, B を描き，作図 7.1 に従って，垂直二等分線を描く．

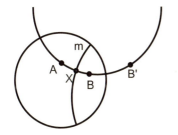

2点 A, B を通る双曲直線を描き，垂直二等分線との交点が求める双曲中点である．

証明. 双曲直線 AB と垂直二等分線との交点を X とすると，命題 7.9 により，$\overline{AX} = \overline{BX}$ である．このことから，X は 2 点 A, B の双曲中点である． □

演習問題 7.5 複素座標において，双曲平面上の 2 点 $A(\eta), B(\xi)$ の双曲中点の座標は，$\mu = \eta + \xi - \eta\xi(\overline{\eta} + \overline{\xi})$ とおいて，

$$\frac{\mu + \eta\xi\overline{\mu} \pm \sqrt{(\mu - \eta^2\overline{\mu})(\mu - \xi^2\overline{\mu})}}{(\eta + \xi)\overline{\mu}}$$

であることを示せ．（複号のうち一方が双曲平面 U に属し，もう一方は U の外になる.）

7.6 双曲点対称の作図

前の節の逆の問題を考えてみよう．任意に与えられた 2 点 A, X に対して，点 X が 2 点 A, A′ の中点になるような A′ があるとき，点 X を点対称の中心として，点 A の対称点が A′ であると考えることができる．

作図 7.3

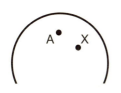

理想円を描き，その内側に 2 点 A, X を描く．（X を描くには，一度点を描き，点を右クリックして「名前の変更」を選び名前を X にすればよい.）

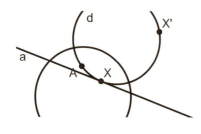

2点 A, X を通る双曲直線を描くために，理想円に関する X の反転像 X′ を描き，3点 A, X, X′ を通る円 d を描く．続いて，この双曲直線に接して，点 X を通るような接線 a を引く．（双曲直線が直径のときには，その直径自身が接線にあたる．）

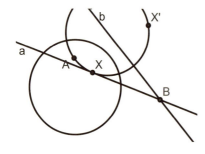

理想円による X の反転像を X′ とし，垂直二等分線モード にして，X, X′ の（ユークリッド）垂直二等分線 b を描き，上で描いた接線 a との交点を B とする．

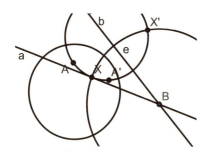

B を中心として点 X を通る円 e を描くと，これが双曲直線 AX の垂線になるので，今描いた円に関して点 A の反転像 A′ を求めれば，これが求める対称点である．

この方法で求めたい対称点が求まっている証明を述べよう．

作図 7.3 の証明. 作図の最後の図を用いて証明をしよう．B を中心として X を通る円を e とする．このとき，円 e の中心が直線 a 上にあることから，円 e と直線 a は直交する．円 d (双曲直線 AX) と直線 a とは点 X で接していることから，その結果，双曲直線 AX と円 e とは直交している．

直線 b は X と X′ = F(X) とのユークリッド垂直二等分線であることから，命題 4.6 より B を中心とする円は理想円と直交する．したがって，e は双曲直線である．

以上のことから，e は双曲直線 AX と直交する双曲直線であることがわかる．ここで，e に関する反転写像 F_e を考えると，双曲直線 AX の反転像 $F_e(\text{AX})$ は AX 自身であることがわかる．このことから，$F_e(\text{A})$ を A$'$ とすると，これは双曲直線 AX 上にある点で，かつ $\overline{\text{AX}} = \overline{\text{A}'\text{X}}$ が成り立つ．このことはすなわち X が AA$'$ の中点であることを意味しており，A$'$ が求める対称点であることがわかる．□

演習問題 7.6 複素座標において，双曲平面上の 2 点 $\text{A}(\eta), \text{X}(\xi)$ に対して，X に関する A の対称点の座標が

$$\frac{\eta(|\xi|^2+1)-2\xi}{2\bar{\xi}\eta-|\xi|^2-1}$$

であることを証明せよ．

さて，点対称な点の作図がいつでもできることがわかると，双曲直線の全体の長さについての考察をすることができる．

命題 7.11 双曲直線の長さは無限大である．したがって特に，理想点は無限遠点である．

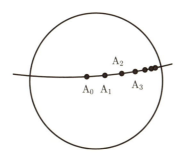

図 **7.5** 等間隔の点列

証明． 任意の双曲直線 m を選び，これを固定して考える．この双曲直線 m 上に適当に異なる 2 点 A_0, A_1 をとる．A_1 を中心として，A_0 の点対称な点を A_2 とおく．これは m 上の点である．A_2 を中心として，A_1 の点対称な点を A_3 とおき，A_3 を中心として，A_2 の点対称な点を A_4 とおく．図 7.5 を見よ．

作図の方法から，双曲長に関して $\overline{\text{A}_0\text{A}_1} = \overline{\text{A}_1\text{A}_2} = \overline{\text{A}_2\text{A}_3} = \cdots$ が成り立ち，

双曲直線 m 上に $\overline{A_0A_1}$ と同じ長さの線分を無限個とることができる．このことから，m の全体の長さは無限大である． □

7.7 双曲円

命題 7.12 (1) 双曲平面 U 内の任意の点 A, B に対して，A から双曲長 $\overline{AB}$ にある点の集合（これを A を中心とする双曲円と呼ぶ）は，ユークリッド円である．

(2) A が原点以外の点の場合，A を中心とする双曲円の「ユークリッド円としての中心」は A ではない．

中心 A で点 B を通る双曲円の作図をしてみよう．

作図 7.4 双曲円の形が最初からわかっているわけではないので，ここでは反転写像を用いて点の軌跡を描く方法を用いてみる．

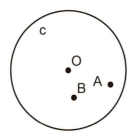

理想円を描き，円の内部に 2 点 A, B を描画する．

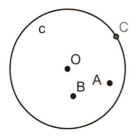

点を追加するモード で，理想円の上に点 C を追加する．この点は理想円の上を自由に動けるが，その他の場所には動くことができないようになっている．

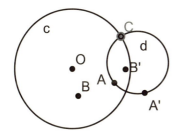

ここから，双曲直線 AC を描く．実際には理想円に関する A の反転像を A′ とし，3 点 A, A′, C を通る円 d を描画する．この状態で点 C を理想円の上に 1 周すると「点 A を通る双曲直線」がすべて現れる．

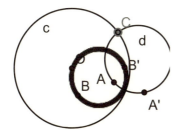

円 d に関する点 B の反転像 B′ を描く．B′ を右クリックして「残像表示」をオンにする．そののちに点 C を理想円に沿ってゆっくり 1 周すると点 B′ の軌跡が描かれる．

この作図により，点 B′ は双曲直線 d に関する点 B の反転像として与えられているということと，点 A は d 上にあるということから，$\overline{AB} = \overline{AB'}$ が成り立ち，B′ の軌跡は双曲円を描くことになる．その結果，描画された図形はユークリッド円のように見える図形になっていることが確認できるだろう．作図によってはこれ以上の考察はできないので，図形による証明を試みることにする．

補題 7.13 原点 O（双曲平面の中心）と O 以外の点 B に対して，O から双曲長 $\overline{OB}$ にある点の集合は原点中心のユークリッド円である（図 7.6）．

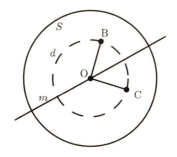

図 7.6 原点中心の双曲円

証明． 点 O を通る双曲直線はすべて理想円の直径である．任意の理想円の直径 m を考え，m に関する反転（この場合は線対称）を F_m とすると，$C = F_m(B)$ は必ず O 中心で B を通るユークリッド円の上にある．

逆に，O 中心で B を通るユークリッド円上にある任意の点 C について，（ユークリッドの意味でも双曲の意味でも）B, C の垂直二等分線は理想円の直径であり，このことから C は求める円上の点であることがわかる．以上より，O 中心で B を通るユークリッド円は求める図形である． □

命題 7.12 の証明． 双曲平面 U 内の任意の点 A, B に対して，A と原点 O との垂直二等分線を m とする．m に関する反転写像を F_m とし，$B' = F_m(B)$ とする．（$F_m(A) = O$ である．）

双曲直線による反転写像は双曲長を保つことより，「$\mathcal{C}_1 : B$ を通り A を中心とする双曲円」の F_m による反転像 $F_m(\mathcal{C}_1)$ は「$\mathcal{C}_2 : B'$ を通り $F_m(A) = O$ を中心とする双曲円」である．

補題により $\mathcal{C}_2$ は原点中心のユークリッド円である．一方で，求める図形 $\mathcal{C}_1$ は $\mathcal{C}_1 = F_m(\mathcal{C}_2)$ で与えられる．$\mathcal{C}_2$ はユークリッド円であり，（反転円の中心を通らないような）ユークリッド円の反転像はまたユークリッド円である（命題 4.1）ことから，$\mathcal{C}_1$ はユークリッド円である． □

この証明の手法を用いて，点 A を中心として点 B を通るような双曲円を作図しよう．

作図 7.5

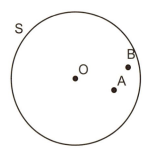

理想円 S を描き，その内側に 2 点 A, B を描く．

7.7 双曲円　123

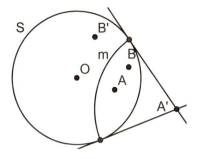

理想円に関する点 A の反転像 A' を描く．A' を中心とするような双曲直線 m を描く．このように m を作図すると，m は O と A の垂直二等分線になっている．m に関する B の反転像 B' を描く．

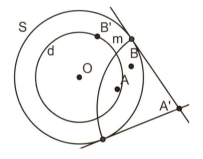

原点 O を中心として，点 B' を通る（ユークリッド）円 d を描く．これは同時に O を中心とする双曲円でもある．

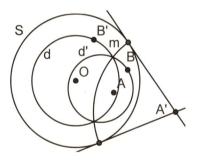

m に関する円 d の反転像を描く．具体的には ▱ にして，d, m の順にクリックする．こうして得られた円 d' は双曲円であり，かつ A を中心としており，かつ B を通っている．

命題 7.14　A を中心とする任意の双曲円 c と，A を通る双曲直線 m に対して，c と m とは（ユークリッド円として）直交する（図 7.7）．

証明．　点 A と原点 O との垂直二等分線を n とする．n に関する反転写像を F_n とすると，$F_n(A) = O$ である．F_n によって，A を中心とする双曲円 c は $F_n(A) = O$ を中心とする双曲円 $F_n(c)$ へ，A を通る双曲直線 m は $F_n(A) = O$ を通る双曲直線 $F_n(m)$ へと写される．

原点を中心とする双曲円は原点を中心とするユークリッド円でもある．（補題

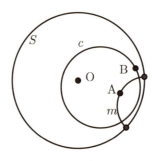

図 **7.7** 双曲円の中心を通る双曲直線

7.13 による.）原点を通る双曲直線は理想円の直径である．以上より，$F_n(c)$ と $F_n(m)$ とは直交する．F_n により円のなす角は保たれるので，c と m とは直交することが従う． □

さて，本章の最初のほうで保留していた次の命題を証明しよう．

命題 7.15 A, B を任意の異なる 2 点とする．上記の定義による A, B の垂直二等分線を m とする．点 C が $\overline{AC} = \overline{BC}$ を満たすならば，C は m の上の点である（図 7.8）．

証明． A, B の中点を D とする．このとき，$\overline{AD} = \overline{BD}$ である．

ここで，D を中心として A を通る双曲円 $\mathcal{C}_1$ と，C を中心として A を通る双曲円 $\mathcal{C}_2$ を考える．

仮定により，B は $\mathcal{C}_1$ と $\mathcal{C}_2$ とのどちらの円上にもある．（特に，A と B とは異なる点である．）このことから，$\mathcal{C}_1, \mathcal{C}_2$ は異なる 2 点で交わり，それは A, B と一致することがわかる．（双曲円が形状としてユークリッド円であることをここで用いている．）

今，双曲直線 CD を n とすると，前の命題により，この双曲直線 n は $\mathcal{C}_1$ と直交し，$\mathcal{C}_2$ とも直交する．このことから，双曲直線 n に関する反転写像を F_n と書くことにすると，$F_n(\mathcal{C}_1) = \mathcal{C}_1, F_n(\mathcal{C}_2) = \mathcal{C}_2$ である．$\mathcal{C}_1, \mathcal{C}_2$ は異なる 2 点 A, B で交わることから，ただちに $F_n(A) = B$ が成り立つ．このことはすなわち $n = m$ であることを意味し，C は m 上にあることが示された． □

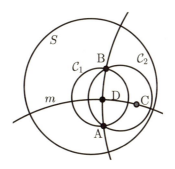

図 7.8　2 点からの等距離図形

7.8　双曲円の接線

次は，双曲円 $\mathcal{C}$ と，その円の外側にある点 B について，点 A から $\mathcal{C}$ へ接線を引いてみよう．

命題 7.16　(1) 中心が A であるような双曲円 $\mathcal{C}$ と，双曲円の外側にある点 B を考える．このとき，$\mathcal{C}$ と接し（つまり円として接し），B を通るような双曲直線はちょうど 2 本引ける．このとき，2 つの接線の長さ（点 B から接点までの双曲長）は等しい（図 7.9）．

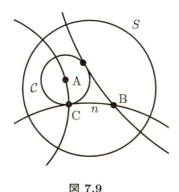

図 7.9

(2) 双曲円 $\mathcal{C}$ と双曲直線 n とが接しているとき，その接点を C とすると，双曲直線 AC と n とは直交する．

(3) 双曲直線 n と n 外の点 A に対して，A から n へおろした垂線の足を C

とするとき，A を中心として C を通る双曲円は n と接する．

この命題はどれもユークリッド幾何学であればなじみの深い命題であるが，双曲幾何学においても成立するのである．まずは作図をしてみよう．

作図 7.6（円外の点から接線を引く）

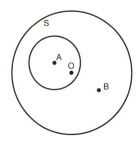
理想円 S を描き，その内側に A を中心とする円 C と点 B とを描く．点 B は円 C の外側（で S の内側）にあるようにする．

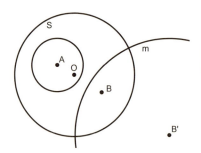
■ を使って理想円に関する点 B の反転像 B′ を描く．そののちに，B′ を中心とする双曲直線 m を描く．

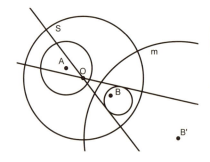
■ を使って，円 C，双曲直線 m の順にクリックすることによって，円 C' を描画する．これは m に関する C の反転像である．そして ■ を用いて点 O から円 C' への接線を引く．

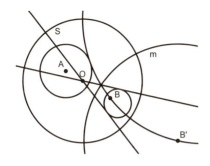

再び ▭ を使って，この O から引いた接線の m による反転像を描画する．（具体的には接線，m の順でクリックする．）これが求める双曲直線（の 1 つ）である．

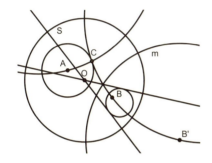

円 $\mathcal{C}$ と求めた接線の接点を C として追加し，双曲直線 AC を引くと，接線と直交しているらしいことが目視できる．

証明． (1) 点 B と原点 O との垂直二等分線を m とする．m に関する反転写像 F_m による双曲円 $\mathcal{C}$ の反転像を $\mathcal{C}'$ とする．$F_m(\mathrm{B}) = \mathrm{O}$ であることから，問題は O を通り $\mathcal{C}'$ に接する双曲直線を求めることに帰着される（図 7.10）．

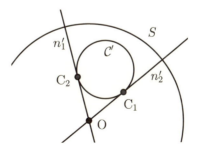

図 7.10 原点を通る双曲円の接線

一方で，O を通る双曲直線は理想円の直径（すなわちユークリッド直線）に限られることから，原点 O を通り $\mathcal{C}'$ に接するユークリッド直線を n_1', n_2' とすれば，これらは双曲直線でもある．$n_1 = F_m(n_1'), n_2 = F_m(n_2')$ とおけば，n_1, n_2 は双

曲直線であり，かつ $\mathcal{C}$ に接する．

また，この図 7.10 において接点を C_1, C_2 とすると，ユークリッド長の意味で $OC_1 = OC_2$ である．命題 7.13 により $\overline{OC_1} = \overline{OC_2}$ である．

(2) 双曲直線 AC と円 $\mathcal{C}$ とは直交する（命題 7.14）．点 C において，円 $\mathcal{C}$ と n とは接しているので，点 C において AC と n とは直交する．

(3) 双曲直線 AC と円 $\mathcal{C}$ とは直交する（命題 7.14）．点 C において AC と n とは直交しているので，円 $\mathcal{C}$ と n とは接する． □

第 8 章

共通垂線，三角形の五心

本章では，主に作図によって解決できるいくつかの話題を取り上げたいと思う．最初に取り上げるのは 2 双曲直線の共通垂線の問題である．そののちに，三角形の双曲五心について取り上げる．

8.1 垂線と垂線の足

命題 8.1 双曲直線 m と，m 上にない点 $A \in U$ を考える．このとき，A を通り m に直交する双曲直線がただ 1 つ存在する．

作図 8.1

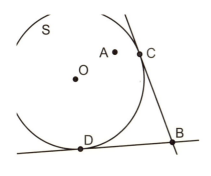

理想円 S を描き，円の内側に点 A，円の外側に B を描く． を使って点 B から理想円へ接線を描き，その 2 つの接点を C, D とする．

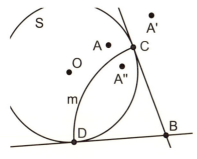

点 B を中心として C を通るユークリッド円 m を描く． を使って，理想円 S に関する A の反転像 A' と双曲直線 m に関する A の反転像 A'' を描く．

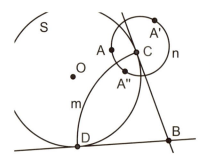

を使って，A, A′, A″ を通る円 n を描くとこれが求めるものである．

証明．（1）まず，上の作図方法によって m に直交する双曲直線が作図できていることを証明する．A と A′ とを通ることにより，描いた円 n は理想円 S と直交（命題 4.6）し，n は双曲直線である．同じ理由から A と A″ とを通る円は m と直交する．

（2）次に，A を通り m に直交する双曲直線が 1 つしかないことを証明する．求める双曲直線は必ず A, A″ の 2 点を通らなければならない．そのような A ≠ A″ なので，命題 6.5 によりそのような双曲直線はただ 1 つ存在する． □

注意 8.2 与えられた双曲直線の中心の複素座標が ζ で半径が r であるとし，点 A の複素座標が η であるとすると，A″ の複素座標 η' は

$$\eta' = \frac{r^2}{\overline{\eta} - \overline{\zeta}} + \zeta$$

であり，（式 (6.3.4) により）求める双曲直線 n の中心の複素座標は

$$\frac{(|\eta|^2 + 1)\eta' - (|\eta'|^2 + 1)\eta}{\overline{\eta}\eta' - \eta\overline{\eta'}}$$

である．

定義 8.3（垂線の足，垂線の長さ） 双曲直線 m と，m 上にない点 $A \in U$ を考える．このとき，A を通り m に直交する双曲直線 n を m の**垂線**といい，n と m との交点 B を**垂線の足**という．また，双曲長 $\overline{AB}$ を**垂線の長さ**という．

8.2 角の二等分線と垂線の長さ

定義 8.4（双曲角） 双曲平面上の 3 点 A, B, C について，双曲半直線[1] BA, BC を考えたものを双曲角と呼び，∠ABC と表記する（図 8.1）．また，双曲角の大きさは，BA と BC のなす角のうち，2 つの双曲半直線に囲まれた部分の角度であるとする．

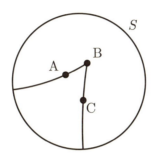

図 8.1 ∠ABC

命題 8.5 (1) 双曲平面上の 3 点 A, B, C について，（大きさ π 以下の）双曲角 ∠ABC を考え，そのなす**角の二等分線** BD を考えることができる．すなわち，∠ABD = ∠DBC となる双曲半直線 BD が存在する（図 8.2）．
(2) 角の二等分線 BD 上の任意の点 E から 2 直線 AB, BC へおろした垂線の長さは等しい．
(3) 角 ABC があり，点 E から AB, CB へおろした垂線の長さが一致しているならば，E は角の二等分線上にある．

証明． (1) 双曲角 ∠ABC に対して，双曲半直線 BA に点 B で接するようなユークリッド線分 BX と，双曲半直線 BC に点 B で接するようなユークリッド線分 BY をとることができる．
ここで，ユークリッド角度 XBY の二等分線 BZ をとり，「点 B を通り BZ に

---

[1] 双曲半直線 BA とは，A, B を通す双曲直線のうち，線分 AB の部分と，A 方向の延長を合わせたような図形を意味する．

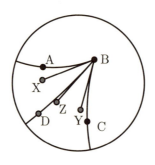

図 8.2 ∠ABC の二等分線

接するような双曲直線」を作図すれば，これが求める角の二等分線である．

(2) まず，B = O の場合について証明する（図 8.3）．このときは，双曲半直線 BA, BC とは原点 O を端点とする（ユークリッド）半直線である．したがって，角の二等分線もユークリッドの意味での角 ABC の二等分線と一致する．角の二等分線上の任意の点 E について，2 直線 AB, BC へ垂線をおろすと，この 2 垂線は（ユークリッド直線である）BD に関して対称な図形になる（図 8.3）．一方で，BD に関する反転写像の意味でもこの 2 つの垂線は互いに写りあう位置関係になる．このことから，2 つの垂線の長さは一致する．

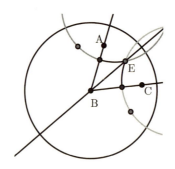

図 8.3 ∠ABC の二等分線からの垂線

次に B が一般の場合について証明する．このときは，B と O との垂直二等分線を m として，m に関する反転写像 F_m で図全体を写すことを考える．$F_m(A) =$

A′, $F_m(B) = O$, $F_m(C) = C'$, $F_m(D) = D'$, $F_m(E) = E'$ とすると，反転写像が角度を保つことから，OD′ は角 A′OC′ の二等分線になっている．

反転写像 F_m は長さを保つことから，E′ から A′O や C′O はおろした垂線の長さはそれぞれ E から AB や CB はおろした垂線の長さと等しい．このことと B = O の場合の証明とを合わせると問題になっている 2 つの垂線の長さは一致することが示される．

(3) 角 ABC と点 E があり，E から AB へおろした垂線の足を C_1，E から BC へおろした垂線の足を C_2 とする．状況から C_1, C_2 は異なる点である．垂線の長さが一致していることから $\overline{EC_1} = \overline{EC_2}$ であるが，このことは C_1, C_2 が E を中心とする双曲円の上にあることを意味している．この双曲円を $\mathcal{C}$ とする．

EC_1 と C_1B が直交していることから，命題 7.16 により，C_1B は C_1 で双曲円 $\mathcal{C}$ と接している．同様に，C_2B は C_2 で双曲円 $\mathcal{C}$ と接している．

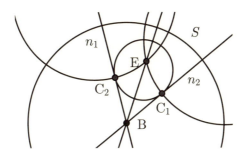

図 8.4　2 直線からの等距離点

このような状況では，双曲直線 EB に関して C_1 と C_2 とは互いに反転像の位置にある．そのことは点 B を原点においてみればよくわかるだろう（図 8.4）．したがって，$\angle EBC_1 = \angle EBC_2$ であって，BE は角 ABC の二等分線になっている．□

8.3　共通垂線の作図

交わらない 2 双曲直線 m, n があるとき，双曲幾何学ではその双方に直交する双曲直線がただ 1 つ存在する．このことを証明して，かつ作図する方法について考えよう．

同じ問題をユークリッド幾何学でも考えてみることができる．交わらない2直線 m, n とは平行な2直線 m, n に他ならない．そうすると，平行な m, n の両方に直交する直線は無数に引くことができる．

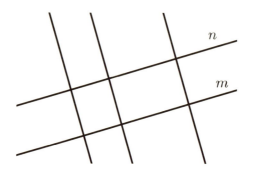

図 8.5　ユークリッド幾何における共通垂線

同じ問題を双曲幾何学で考えると共通垂線は1本しか引けないというのだから，共通垂線に関してはユークリッド幾何と双曲幾何とでは状況がかなり異なることがわかる．まず，共通垂線の作図をするための補題を準備する．

補題 8.6 双曲直線 m のユークリッド円としての中心を A とする．A を通り，理想円 S に交わるような（ユークリッド）直線を n とし，S と n の交点を B, C とし，B, C を通る双曲直線を k とする．このとき，$m \perp k$ である（図 8.6）．

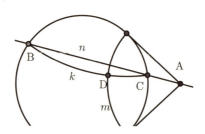

図 8.6　m と k とは直交する

証明． m と k の交点を D とする．点 D は双曲直線 m 上にあることから，$F_m(\mathrm{D}) = \mathrm{D}$ である．また，m と理想円 S とは直交していることから，$F_m(\mathrm{B}) =$

$C, F_m(C) = B$ である．B, C, D の 3 点を通るようなユークリッド円はただ 1 つであることから，B, C, D の 3 点を通るようなユークリッド円 k は $F_m(k) = k$ を満たすことがわかる．命題 4.6 より k と m は直交していることがわかる． □

演習問題 8.1 上の補題を自分で作図することによって目視してみよ．

上の補題の逆命題も成立する．

補題 8.7 双曲直線 m のユークリッド円としての中心を A とする．m と直交するような双曲直線 k と理想円との交わりを B, C とするとき，3 点 A, B, C は同一のユークリッド直線上にある（図 8.7）．

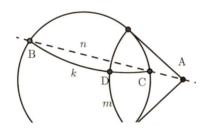

図 8.7 3 点 A, B, C は同一直線上にある

証明． 双曲直線 k と m とが直交することにより，$F_m(k) = k$ である．今，$F_m(C) = C'$ とおく．$F_m(k) = k$ であることより，C' はユークリッド円としての k の上にある．また，C は理想点なので C' も理想点でなければならない．このことから，C' は k と S との共通部分に含まれる．一方で，C は m 上にはないことから，$C \neq C'$ であり，C' は k と S との共通部分のうち C でないほうの点ということになる．したがって $F_m(C) = C' = B$ であり，反転写像の定義により A, B, C は同一のユークリッド直線上にある． □

以上の準備の下で，次の定理を証明しよう．

定理 8.8 交わらない 2 つの双曲直線に対して，**共通垂線**（どちらにも直交する双曲直線）がただ 1 つ引ける．

この定理の証明はまずは作図をするところから始めてみたい．

作図 8.2

理想円を描き，理想円の外に 2 点 A_1, A_2 を描く．

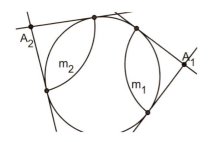

A_1 を円の中心とするような双曲直線 m_1 と A_2 を円の中心とするような双曲直線 m_2 を描く．

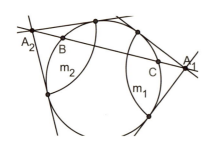

直線 $A_1 A_2$ を描き，理想円との交点を B, C とする．

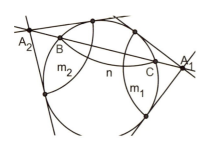

最後に B, C を両端とするような双曲直線 n を引けばよい．作図 6.2 を参照すること．

証明． 次の 2 点に注意して証明を行う．1 つは直線 $A_1 A_2$ が理想円と交わるかどうかであり，もう 1 つは上の作図により双曲直線 n が m_1, m_2 の両方と直交

するかどうかである．

A_1 から理想円へ引いた 2 本の接線で囲まれる領域を考える（図 8.8）．

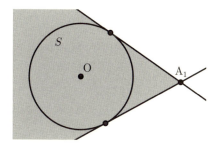

図 8.8

2 つの双曲直線 m_1, m_2 が交わらないという条件があるので，A_2 から理想円へ引いた接線が囲む部分は，A_1 から引いた接線で囲まれる領域の内側にある（図 8.9）．

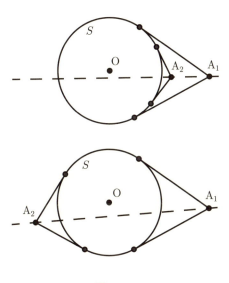

図 8.9

このいずれの場合にも，A_1, A_2 を結ぶユークリッド直線は理想円と交差することがわかる．

このようにして直線 A_1A_2 と理想円との交点を B, C として，B, C を両端とする双曲直線 n を考えれば，補題 8.6 より，n と m_1 は直交しており，n と m_2 も直交していることが導かれる． □

8.4 双曲三角形の五心

本節では，ユークリッド幾何学ではおなじみの三角形の中心から外心・内心・垂心・重心について説明しよう．点の定義についてはユークリッド幾何学とは変わらないものとするが，内容を1つずつ確認してみよう．

外心とは，三角形 ABC の3つの辺の垂直二等分線の交点である．外心は三角形の外接円の中心になっている．

内心とは，三角形 ABC の3つの内角の二等分線の交点である．内心は三角形の内接円の中心になっている．

垂心とは，三角形 ABC の各頂点から対辺へおろした垂線の交点である．

重心とは，三角形 ABC の3つの中線（1頂点と対辺の中点とを結んだ線分）の交点である．

三角形の五心という場合にはこれに傍心を加えたものの総称である．傍心とは，三角形の1つの内角の二等分線と残りの2つの角の外角の二等分線の交点である．傍心は3つあり，それぞれ「三角形の1辺と残りの2辺の延長線に接する円＝傍心円」の中心になっている．傍心については本書では触れないが，双曲三角形においても3つの傍心，3つの傍心円が存在することだけは述べておく．

8.4.1 双曲三角形の外心

定理 8.9（双曲三角形の外心） (1) 任意の双曲三角形 ABC について，B, C の垂直二等分線 m_A, C, A の垂直二等分線 m_B, A, B の垂直二等分線 m_C を考えると，この3本は1点交わる（図 8.10）．

(2) 3つの垂直二等分線の交点は，双曲三角形 ABC の外接円の中心である（図 8.11）．

証明． (1) この証明はユークリッド幾何学のときの外心についてのものと同じである．

B, C の垂直二等分線 m_A と C, A の垂直二等分線 m_B の交点を X とする．命

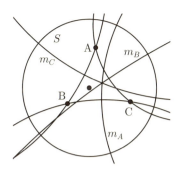

図 8.10　三角形 ABC の外心

題 7.9 を適用する．X が m_A 上にあることから，$\overline{\mathrm{BX}} = \overline{\mathrm{CX}}$ である．また，X が m_B 上にあることから，$\overline{\mathrm{CX}} = \overline{\mathrm{AX}}$ である．

以上より $\overline{\mathrm{BX}} = \overline{\mathrm{AX}}$ である．ここで命題 7.15 を適用すると，B, A の垂直二等分線 m_C 上に X があることが示せた．

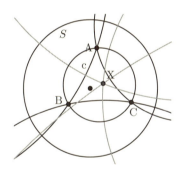

図 8.11　三角形 ABC の外接円

(2) 以上の証明により $\overline{\mathrm{AX}} = \overline{\mathrm{BX}} = \overline{\mathrm{CX}}$ が示されたので，中心 X で点 A を通る双曲円を描くと，B, C も通る．このことから，この双曲円は三角形 ABC の外接円であることが示される．　　□

8.4.2　双曲三角形の内心

定理 8.10（双曲三角形の内心）　　(1) 任意の双曲三角形 ABC について，それぞれの内角の二等分線を描くと，この 3 本は 1 点交わる（図 8.12）．

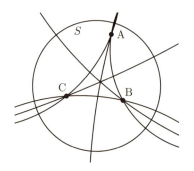

図 8.12　三角形 ABC の内心

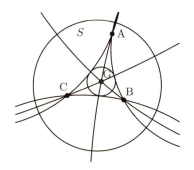

図 8.13　三角形 ABC の内接円

(2) 3 つの角の二等分線の交点は，双曲三角形 ABC の内接円の中心である（図 8.13）．

証明．(1) この証明もユークリッド幾何学の場合と同じものになる．角 A の二等分線と角 B の二等分線の交点を X とする．X から各辺 BC, CA, AB へとおろした垂線の長さをそれぞれ a_A, a_B, a_C とする．点 X が角 A の二等分線上にあることから，命題 8.5 を用いて，$a_B = a_C$ が導かれる．同様に点 X が角 B の二等分線上にあることから，$a_C = a_A$ が導かれる．

以上より $a_A = a_B$ が導かれる．ここで，頂点 C と原点 O の垂直二等分線 n を導入し，n に関する反転写像で三角形全体の反転像を求める．こうすると頂点 C は原点に写される．点 X から辺 CA へおろした垂線の長さと，点 X から辺 BC へおろした垂線の長さが等しいことから，この 2 つの垂線は双曲直線 CX に関して対称の位置にあり，角 C の二等分線上にある．（命題 8.5 を参照のこと．）

(2) 点 X から各辺へおろした垂線の長さが等しいことから，X を中心として垂線の長さを半径とするような双曲円が三角形 ABC に内接することがわかる． □

8.4.3 双曲三角形の垂心

定理 8.11（双曲三角形の垂心） 任意の双曲三角形 ABC について，点 A から双曲直線 BC へおろした垂線 m_A，点 B から双曲直線 CA へおろした垂線 m_B，点 C から双曲直線 AB へおろした垂線 m_C を考える．3 つのうちの 2 つが交点をもつならば，3 つの垂線は 1 点で交わる．

証明． 任意の双曲三角形 ABC について，点 A から双曲直線 BC へおろした垂線 m_A，点 B から双曲直線 CA へおろした垂線 m_B を描いた状態で，2 つの垂線 m_A, m_B の交点を X とする．

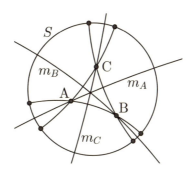

図 8.14 三角形 ABC の垂心

X と原点 O の垂直二等分線を n とし，A, B, C, m_A, m_B, m_C をそれぞれ n に関する反転写像で写す．写したあとの点に改めて別の名前をつける考え方もあるが，最初から X ($= m_A$ と m_B との交点) が O であるとして話を続けることにする（図 8.15）．

三角形の頂点の複素座標をそれぞれ A(ζ), B(η), C(ξ) であるとする．図 8.15 にあるように，辺 BC と AO の延長とは直交しているということから，BC の（ユークリッド円としての）中心は AO の延長上にある．このことから，BC の中心 E を $s\zeta$（ただし s は実数）とおくことができる．BC の半径を r_A とおくと，

$$r_A^2 = |s\zeta - \eta|^2 = |s\zeta - \xi|^2 = |s\zeta|^2 - 1 \qquad (8.4.1)$$

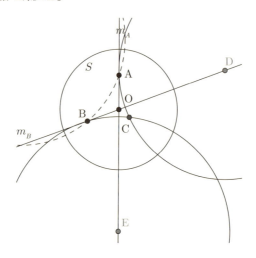

図 8.15 垂心が原点にあると仮定する

が成り立つ．同じように，辺 CA の中心 D は $t\eta$ (t は実数) と置くことができて，半径を r_B とすると

$$r_B^2 = |t\eta - \zeta|^2 = |t\eta - \xi|^2 = |t\eta|^2 - 1 \tag{8.4.2}$$

式 (8.4.1), (8.4.2) より

$$s = \frac{|\eta|^2 + 1}{\overline{\zeta}\eta + \zeta\overline{\eta}} = \frac{|\xi|^2 + 1}{\overline{\zeta}\xi + \zeta\overline{\xi}} \tag{8.4.3}$$

$$t = \frac{|\zeta|^2 + 1}{\overline{\zeta}\eta + \zeta\overline{\eta}} = \frac{|\xi|^2 + 1}{\overline{\eta}\xi + \eta\overline{\xi}} \tag{8.4.4}$$

が成り立つ．この式 (8.4.3), (8.4.4) を連立することにより

$$\frac{|\zeta|^2 + 1}{\overline{\zeta}\xi + \zeta\overline{\xi}} = \frac{|\eta|^2 + 1}{\overline{\eta}\xi + \eta\overline{\xi}} \tag{8.4.5}$$

を得る．この式 (8.4.5) の値を u とおくと，u は実数であって，式変形のあとに

$$|u\xi - \zeta|^2 = |u\xi - \eta|^2 = |u\xi|^2 - 1$$

が成り立つ．この式の値を r_C^2 とすれば，辺 AB は中心 $u\xi$, 半径 r_C のユークリッド円であることが示され，u が実数であることから，m_C は辺 AB と直交することが示される． □

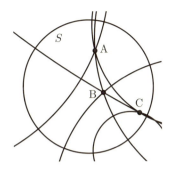

図 8.16　垂心のない三角形 ABC

注意 8.12　3 本の垂線が互いに交わらないということもありうる．図 8.16 はそのような例である．

8.4.4　双曲三角形の重心（難）

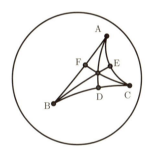

図 8.17　三角形 ABC の重心

定理 8.13（**双曲三角形の重心**）　任意の双曲三角形 ABC について，辺 BC, CA, AB の中点をそれぞれ D, E, F とするとき，双曲直線 AD, BE, CF は 1 点で交わる（図 8.17）．

話をできるだけ難しくしないように解説を試みる．3 角形の Staudtian 面積という概念を考える．これは双曲三角形 ABC について，点 A から辺 BC へおろした垂線の長さを h_a（h_b, h_c も同様に定める），辺 BC の双曲長を a（b, c も同様に

定める）と書くことにしたとき

$$n(\mathrm{ABC}) = \frac{1}{2}\sinh h_a \sinh a$$
$$= \frac{1}{2}\sinh h_b \sinh b$$
$$= \frac{1}{2}\sinh h_c \sinh c$$

で定められる量である．（sinh については，第 9 章で紹介しているので参照してほしい．）2 行目・3 行目が等式で与えられるということは命題 9.20 で証明を与える．この式は雰囲気的には「底辺×高さ÷2」という三角形の面積の公式に似ている．

双曲直線 AD, BE を描き，その交点を X とする（図 8.18）．

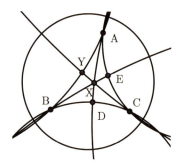

図 8.18 三角形 ABC の重心

A から BC へおろした垂線の長さを h_a と書くと，

$$n(\mathrm{ABD}) = \frac{1}{2}\sinh h_a \sinh \overline{\mathrm{BD}}$$
$$= \frac{1}{2}\sinh h_a \sinh \overline{\mathrm{DC}} = n(\mathrm{ADC})$$

である．このことから，B から AD へおろした垂線の長さ k_b と C から AD へおろした垂線の長さ k_c は

$$\frac{1}{2}\sinh k_b \sinh \overline{\mathrm{AD}} = n(\mathrm{ABD}) = n(\mathrm{ADC}) = \frac{1}{2}\sinh k_c \sinh \overline{\mathrm{AD}}$$

となり，$k_b = k_c$ が成り立つ[2]．さらにこのことから

---

[2] sinh は単調増加関数であることが知られており，したがって，$\sinh k_b = \sinh k_c$ ならば $k_b = k_c$ であることが示される．

$$n(\mathrm{ABX}) = n(\mathrm{ACX})$$

が成り立つ．同じ議論を繰り返すことにより，$n(\mathrm{ABX}) = n(\mathrm{BCX})$ が言えるので，その結果 $n(\mathrm{ACX}) = n(\mathrm{BCX})$ が言える．

ここから上の議論を逆向きにたどる．A から CX へおろした垂線の長さ ℓ_a と B から CX へおろした垂線の長さ ℓ_b は等しいことが示される．

ここで，双曲直線 CX を延長して AB との交点を Y とすると，$\ell_a = \ell_b$ より $n(\mathrm{ACY}) = n(\mathrm{BCY})$ が示せて，ここから $\overline{\mathrm{AY}} = \overline{\mathrm{YB}}$ が示され，Y は辺 AB の中点であることが示される．

第 9 章

双曲長

本章ではまず，双曲円の問題についていくつか触れたあと，等距離曲線の作図を行う．そののちに，前の章で紹介した内包的な双曲長に基づいて，その具体的な式を導出することがゴールである．

9.1 三角形の合同

定義 9.1（三角形の合同） 三角形 ABC と三角形 A′B′C′ があり，ある適当な合同変換 F が存在して $F(A) = A'$, $F(B) = B'$, $F(C) = C'$ が成り立つとき，三角形 ABC と三角形 A′B′C′ とは合同であるという．

注意 9.2 このような定義を述べると多くの読者は「三角形 ABC と合同変換 F に対して，$F(A) = A'$, $F(B) = B'$, $F(C) = C'$ と定めたときに三角形 ABC と三角形 A′B′C′ とは合同であると定義する」と理解するようであるが，この理解は（大きく誤っているわけではないが）厳密ではない．

この解釈だと，「最初に三角形 ABC と合同変換 F が与えられている」ということになるが，実際に与えられるのは「三角形 ABC と三角形 A′B′C′」であり，合同変換 F は影も形もない状態から始めるのが正しい理解である．

そのうえで，何らかの方法で「$F(A) = A'$, $F(B) = B'$, $F(C) = C'$ となるような F」を見つけることができれば合同であり，もしそのようなものが存在しないことが証明できたならば合同でないと定めるのである．

このような理解は上級の読者でなければなかなか受け入れられないだろう．というのは，「何らかの方法で F を見つける」ことや「そのような F が存在しないことを証明する」ことはまったく見通しが立ちそうもない条件づけであり，イメージがわかないからである．何とかイメージがわくような自分勝手な解釈をしようとすると，最初のような誤った解釈になってしまうのである．ここは上級者を目指して，無理にイメージに落とし込まずに，論理的な整合性を優先させてほしい．

定理 9.3 (三辺相等合同条件) (1) 4点 A, B, C, D が $\overline{AB} = \overline{CD}$ ならば, $F(A) = C, F(B) = D$ となる合同変換 F が存在する.
(2) $\overline{AB} = \overline{A'B'}$, $\overline{BC} = \overline{B'C'}$, $\overline{AC} = \overline{A'C'}$ ならば三角形 ABC と三角形 A'B'C' とは合同である.

証明. (1) まず, A と C との垂直二等分線を m とする. m に関する反転写像 F_m により, $F_m(A) = C$ である. さらに $F_m(B) = B'$ と置く. $\overline{AB} = \overline{CD}$ という仮定より $\overline{CB'} = \overline{CD}$ である (図 9.1).

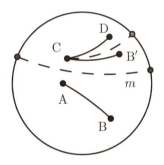

図 9.1 線分の重ね合わせ

次に B' と D の垂直二等分線を n とする. $\overline{CB'} = \overline{CD}$ を命題 7.9(3) に適用すると, C は n 上の点であることがわかる. このことから, $F_n(B') = D, F_n(C) = C$ であることがわかる.

以上をまとめると $F_n(F_m(A)) = C, F_n(F_m(B)) = D$ であることがわかり, $F = F_n \circ F_m$ とする[1]ことにより題意は満たされた.

(2) (1) を適用すると, ある合同変換 F が存在して $F(A) = A', F(B) = B'$ となることがわかる. ここで, $F(C) = D$ と置くことにする (図 9.2). もし, $C' = D$ であるならば, 題意は満たされているので, この合同写像 F により三角形 ABC と三角形 A'B'C' とは合同である. 以下では, $C' \neq D$ を仮定して議論を続けることにする.

---

[1] $F_n \circ F_m$ とは合成写像の記号で,「F_m で写したあとに F_n で写すような写像」の意味である.

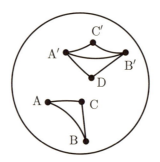

図 9.2 三辺相等合同

命題の仮定により，$\overline{B'D} = \overline{B'C'}$，$\overline{A'D} = \overline{A'C'}$ となる．ここで，A′ を中心として D を通る円 $\mathcal{C}_1$ と B′ を中心として D を通る円 $\mathcal{C}_2$ を考える．すると，C′ は $\mathcal{C}_1$ の上にも $\mathcal{C}_2$ の上にもあることがわかる（図 9.3）．

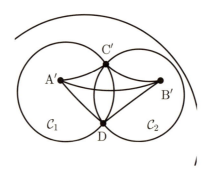

図 9.3 三辺相等合同

一方で，$\mathcal{C}_1$ と $\mathcal{C}_2$ は形状としてはユークリッド円なので，（双曲円としての中心が異なるということから一致することはありえないので）交点は多くとも 2 点である．$C' \neq D$ より，$\mathcal{C}_1$ と $\mathcal{C}_2$ は 2 点で交わり，その 2 つの交点が C′, D であることになる．

双曲円は中心を通る双曲直線と直交する（命題 7.14）ことから，直線 A′B′ に関する反転写像を G とすると，$G(\mathcal{C}_1) = \mathcal{C}_1$ も $G(\mathcal{C}_2) = \mathcal{C}_2$ も成り立つ（命題 4.5）．このことからただちに $G(D) = C'$ である．そもそもが $G(A') = A', G(B') = B'$ なので，合成写像 $G \circ F$ により三角形 ABC と三角形 A′B′C′ とは合同であるこ

とが示される. □

ユークリッド幾何学の場合，三角形の合同条件は三辺相等以外にも「二辺夾角」，「二角夾辺」があり，双曲幾何学でも同じ合同条件がある．

定理 9.4 (二辺夾角・二角夾辺) (1) $\overline{AB} = \overline{A'B'}$, $\overline{BC} = \overline{B'C'}$, $\angle ABC = \angle A'B'C'$ ならば三角形 ABC と三角形 A'B'C' とは合同である．

(2) $\overline{AB} = \overline{A'B'}$, $\angle BAC = \angle B'A'C'$, $\angle ABC = \angle A'B'C'$ ならば三角形 ABC と三角形 A'B'C' とは合同である．

証明． (1) 定理 9.3 により，ある合同写像 F が存在して，$F(A) = A', F(B) = B'$ となることがわかる．このとき，$F(C) = D$ とおく．直線 A'B' から見て C' と D とが「同じ側にある」かまたは「異なる側にある」かのどちらかであるが，もし「異なる側にある」場合には，さらに直線 A'B' に関する反転写像を G として，合成写像 $G(F(C))$ を改めて D と考えることにより，A'B' から見て C' と D とは同じ側にあるものとして以降は考える（図 9.4）．

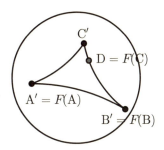

図 9.4 二辺夾角合同・二角夾辺合同

$\angle ABC = \angle A'B'C'$ より $\angle A'B'D = \angle A'B'C'$ である．このことから双曲直線 B'C' と B'D とは B' で接していることになるが，命題 6.6 により双曲直線として B'C' と B'D とは一致していることがわかる．

一方で，$\overline{BC} = \overline{B'C'}$ より $\overline{B'D} = \overline{B'C'}$ であることから，B' を中心として C' を通る双曲円 $\mathcal{C}$ を考えると，点 D は双曲円 $\mathcal{C}$ 上にある．点 D はさらに双曲直線 B'C' 上にもあり，A'B' から見て C' と同じ側にあることから，C' = D でなければならない．以上より ABC と三角形 A'B'C' とは合同である．

(2) 前半部分は (1) と同じである．ある合同写像 F が存在して，$F(A) = A'$, $F(B) = B'$ であり $A'B'$ から見て C' と $D = F(C)$ とは同じ側にあるものとする．

∠BAC = ∠B'A'C' より ∠B'A'D = ∠B'A'C' である．(1) と同じ理由で，双曲直線 $A'C'$ と $A'D$ とは同じ直線である．また，∠ABC = ∠A'B'C' より ∠A'B'D = ∠A'B'C' であって，双曲直線 $B'C'$ と $B'D$ とは同じ直線である．このことから C', D は双曲直線 $A'C'$ と $B'C'$ の共通部分にあることになるが，命題 6.7 によると双曲直線は「交わらないか，もしくは 1 点で交わる」ことがわかっている．今，C' で交わっていることははっきりしているので，$D = C'$ であることがわかり，以上より ABC と三角形 $A'B'C'$ とは合同である． □

双曲幾何学の場合には，「三角相等」も合同条件である．

定理 9.5 ∠A = ∠A′, ∠B = ∠B′, ∠C = ∠C′ ならば三角形 ABC と三角形 $A'B'C'$ とは合同である．

このことは，双曲三角法を用いずに証明することは難しいので，ここでは保留してあとに回すことにする．

三角相等合同条件があるということは，三角形の内角が決まれば三角形の大きさも決まってしまうことを示唆しており，双曲幾何学においては相似の概念はないことがわかる．

9.2 等距離曲線の作図

点 A と直線 m が与えられたとき，点 A を通る m の垂線を n とし，m と n の交点（垂線の足）を B とする．このとき垂線の長さ $\overline{AB}$ を「点 A と m との距離」と考えることにする．

双曲直線 m を固定したとき，「双曲直線 m からの距離が一定であるような点の集合」を**等距離曲線**と呼ぶ．ユークリッド幾何学であれば，直線からの距離が一定であるような点の集合は平行線になる（図 9.5）が，双曲幾何学ではそうならない．そのため，等距離直線とは呼ばずに等距離曲線と呼ぶのである．

命題 9.6 m を任意の双曲直線として，m と理想円との交点を X, Y とする．このとき，X, Y を通る任意のユークリッド円は，m の等距離曲線である．

まず補題を準備しよう．

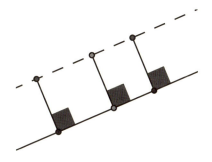

図 **9.5** ユークリッド等距離直線

補題 9.7 双曲直線 m 上に 2 点 A, B をとり，A, B における m の垂線をそれぞれ n_1, n_2 とする．A$'$ が n_1 上にあり，B$'$ が n_2 上にあり，A$'$, B$'$ は m から見て同じ側にあり，かつ $\overline{\text{AA}'} = \overline{\text{BB}'}$ であると仮定する．A, B の垂直二等分線を n とし，n に関する反転写像を F_n とするとき，$F_n(\text{A}') = \text{B}'$ である（図 9.6）．

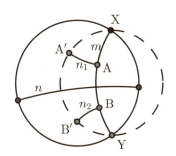

図 **9.6** 等距離曲線の準備

補題 9.7 の証明． 双曲直線 m と n が直交していることから $F_m(n) = n$ である．また，$F_n(\text{A}) = \text{B}$ であり，n_1, n_2 がそれぞれ A, B で m と直交していることから，$F(n_1) = n_2$ が成り立つ．

さて，$F_n(\text{A}')$ を B$''$ と書くことにすると，$F(n_1) = n_2$ であることから，B$''$ は n_2 上にあることがわかる．また $\overline{\text{AA}'} = \overline{\text{BB}'}$ より $\overline{\text{BB}''} = \overline{\text{BB}'}$ であることもわかる．A$'$, B$'$ は m から見て同じ側にあることから，B$'$, B$''$ は m から見て同じ側に

ある．以上より $B' = B''$ が導かれ，$F_n(A') = B'$ が示された． □

このことから，双曲直線の等距離曲線を作図の軌跡によって確かめることができる．

作図 9.1（等距離曲線）

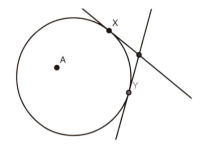

理想円を描き，理想円上に 2 点 X, Y をとる．□ で X, Y のそれぞれにおける理想円の接線を引く．また，理想円の内側に点 A を描く．

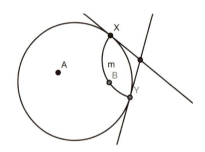

前段で描いた 2 接線の交点を中心として X を通るような円弧（円でもよい）を描き，これに m と名づける．m の上に点 B をとる．

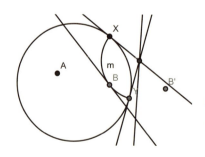

B における m の垂線を引く．実際に，B における m の接線を引く．理想円に関する B の反転像 B' を描き，□ にして BB' の垂直二等分線を描く．

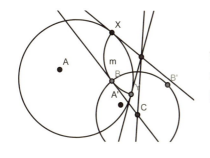

前段の接線と垂直二等分線の交点を中心として B を通る円を描く．この円に関する点 A の反転像 A′ を描く．

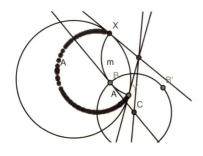

点 A を右クリックして**残像表示モード**にしたのちに，点 B を m 上に動かすことによって残像を計算する．(**軌跡モード**で描く方法もある．)

命題 9.6 の証明．今一度，図 9.6 を見てみよう．双曲直線 m と点 A を固定して，B を m 上で動かせるものとしよう．この図で，n は A, B の垂直二等分線であるとしよう．(B が動けば n も動くことに注意しよう．)

さて，n は理想円とも m とも直交しているから，$F_n(\mathrm{X}) = \mathrm{Y}$ である．また，上の補題 9.7 により $F_n(\mathrm{A}') = \mathrm{B}'$ である．このことから，n の中心を Z，n の半径を r とすると，$\mathrm{XZ} \cdot \mathrm{YZ} = r^2 = \mathrm{A}'\mathrm{Z} \cdot \mathrm{B}'\mathrm{Z}$ であり，方べきの定理により，4 点 X, Y, A′, B′ は同一の円の上にあることがわかる．

今，点 X, Y, A′ は固定されていることから，ここで現れる「同一の円」は B の位置によらず同じ円であることがわかる．そうすると，B′ はこの円の上を動くことがわかり，B′ の軌跡は X, Y, A′ を通る円となることがわかる．また，B は双曲直線 M 上をくまなく動くことから，B′ の軌跡は X, Y, A′ を通る円の，双曲空間の内側にあたる部分であることがわかる． □

注意 9.8 「点 C を通り双曲直線 m の等距離直線を作図する」というのは難しそうに聞こえるが，実は簡単である．m の理想点 X, Y と C の 3 点を通る円を描けばよい．

注意 9.9 双曲幾何においては「1 つの直線から，一定距離にある点の集まり」

は双曲直線にならないことを今一度確認しよう．理由は単純で，図形としては円弧だが，理想円 S と直交していないのである．

9.3　双曲平面の縮尺比

双曲円は形状としてはユークリッド円であることはすでに述べた（命題 7.12）．ただし，「同じ大きさの双曲円」であるとしても，その見え方は異なることが予想される．この点を精密に計算してみることにする．

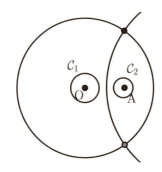

図 9.7　2 か所の縮尺の比を求める

双曲平面上に同じ大きさの 2 つの双曲円 $\mathcal{C}_1, \mathcal{C}_2$ を描くことを考える（図 9.7）．$\mathcal{C}_1$ のほうは，原点 O を中心とし，半径（のユークリッド長さ）を微小数 ε であるとする．$\mathcal{C}_2$ のほうは，中心 A とし，双曲長として $\mathcal{C}_1$ と同じ半径をもつとする．A は原点からユークリッド長 r $(0 < r < 1)$ であるような点であるとする．簡単のために実軸上の実数 r が表す点（xy 座標では $(r, 0)$ にあたる点）であるとしてもかまわない．問題は，双曲円 $\mathcal{C}_2$ の（ユークリッド的）見た目の大きさがどのくらいになっているかを r の式で書いてみようというのが目的である．このとき，ε は十分小さいと仮定する．

この計算で何がわかるのかを最初に確認しておこう．現在我々はポアンカレディスクモデルで双曲平面を考えているが，ポアンカレディスクによる双曲平面 U は「真の双曲平面の地図」に過ぎないと考えるのである．

そもそも双曲直線と称するものは U の上では曲がって見えるではないか．しかし，最短経路が地図の上では曲がってみることは，我々の身近にも起こりうるこ

となのである．東京からニューヨークへの最短経路を地図上に描くと大きく北側に湾曲していることを読者はご存じだろうか．

これは所詮地図は地図なのであって，真の姿ではないことに起因している．つまり地図においては，各地点における縮尺が一定ではなく，赤道における縮尺がもっとも小さくて，南極・北極に近づくにつれて縮尺が大きくなる．

命題 7.11 において，双曲直線の長さが無限大であることを証明した．つまり図の上で理想円に交差しているように見える双曲直線は，実は交差していなくて，理想円にあたるところが無限遠点にあたるという．このようなことが起こるのは，U が所詮地図でしかなく，各点ごとに縮尺が異なるからだと考えられる．

では，その「縮尺が一定でないさま＝縮尺のゆがみ」をどのように計算することができるだろうか．そのための試みが上の $\mathcal{C}_1, \mathcal{C}_2$ の比較である．双曲長の意味で同じ半径をもつ小さな円を描いて，それがユークリッド的な長さの観点からどのくらい異なっているかを計算しようというのである．

r を $0 < r < 1$ を満たす実数の定数として，点 A の xy 座標が $(r, 0)$ であるとしよう．

まず最初に原点 O と A の垂直二等分線 m を求めよう．この中心を $(X, 0)$ とし，半径を R としよう（図 9.8）．

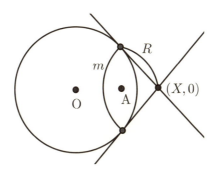

図 9.8　O を A へ写す反転写像を計算する

m が双曲直線であるという条件から $X^2 = R^2 + 1$，m に関する反転写像 F_m について $F_m(O) = A$ であるということから，$X - r = \dfrac{R^2}{X}$ である．これを連立させて解いて $X = \dfrac{1}{r}, R = \sqrt{\dfrac{1}{r^2} - 1}$ を得る．

ここで，4.1.2 項の計算結果を利用しよう．図全体を $(-X, 0)$ だけ平行移動して考え，m は原点中心の半径 R の円であるとし，$\mathcal{C}_1$ は中心 $(-X, 0)$, 半径 ε の円であるとする．このとき，m による反転像は $\left(\dfrac{-1+r^2}{r(1-r^2\varepsilon^2)}, 0\right)$ を (ユークリッド円としての) 中心とし，半径は $\dfrac{(1-r^2)\varepsilon}{1-r^2\varepsilon^2}$ であることがわかる．

演習問題 9.1 上の計算を検算せよ．4.1.2 項の計算結果を利用せずに独力で計算してもよい．

ここで半径と言っているのは双曲長による半径ではなく，あくまで図の上のユークリッド円としての半径の意味である．今，ε は十分に小さな正の数としているので，半径を表す数の中で $r^2\varepsilon^2$ の部分は非常に小さい．このことから半径をほぼ $(1-r^2)\varepsilon$ であると見積もることができる．(この部分の計算をあとで厳密に見直すので，今のところは概算で話を進めて考えてほしい．)

このことから，原点においてユークリッド長で半径 ε の円は点 A ではユークリッド長で半径約 $(1-r^2)\varepsilon$ であるということができる．

ここまでの計算では，原点における縮尺と点 A における縮尺の比がわかるだけなのであるが，ポアンカレディスクモデルが発見されて以来，伝統的に「原点における縮尺は $1:2$ とする」と決められているのである．このことから，本書でもこの伝統に基づき，次の命題が得られる．

命題 9.10 A を双曲平面の点とし，$\mathrm{OA} = r$ であるとする．原点 O における長さの縮尺を $1:2$ とすると，A における長さの縮尺は $1:\dfrac{2}{1-r^2}$ である．

証明． 原点におけるユークリッド長による半径が ε である円 $\mathcal{C}_1$ の双曲長による半径は 2ε である．したがって点 A における円 $\mathcal{C}_1$ の双曲長による半径はやはり 2ε であるが，そのユークリッド長による半径は $(1-r^2)\varepsilon$ ということであるので，その縮尺は $1:\dfrac{2}{1-r^2}$ である． □

注意 9.11 $r^2\varepsilon^2$ の項を無視してしまうことについて抵抗のある読者もいるかもしれない．点 A における縮尺を正確に書くと $\dfrac{(1-r^2)\varepsilon}{1-r^2\varepsilon^2} : 2\varepsilon$ であり，これは

$\dfrac{(1-r^2)}{1-r^2\varepsilon^2} : 2$ と等しい．今，縮尺が各点ごとに異なると仮定して計算しているので，正確に点 A における縮尺を求めるためには $\varepsilon \to 0$ による極限をとるのが正しい．縮尺の $\varepsilon \to 0$ による極限は $(1-r^2) : 2$ であり，これは求めた値と一致する．

9.4 双曲長の具体的な式（難）

前の節で求めた「縮尺の比」を用いて，具体的に双曲長を計算することができる．
ここからは積分を用いて対数関数の計算をするので，高校 3 年以上の数学の知識が必要である．

定理 9.12 (1) r を $0 < r < 1$ を満たす実数とし，xy 座標を用いて $A(r, 0)$ であるとする．このとき，

$$\overline{OA} = \log \dfrac{1+r}{1-r}$$

である[2]．

(2) A, B を通る双曲直線 m と理想円 S との交点を X（A に近いほう），Y（B に近いほう）としたとき，

$$\overline{AB} = \log(X, Y, A, B)$$

ただし，複比は $(X, Y, A, B) = \dfrac{AY \cdot BX}{AX \cdot BY}$（AX は A, X のユークリッド距離）で定められているものとする．

定理 9.12(1) の証明． $\overline{OA}$ を求めるのに，OA をユークリッド n 等分して，それぞれの長さの概算を求め，その和をとることを考える．

図 9.9 のように，n 等分した点を $A_1, A_2, \ldots, A_{n-1}$ とする．便宜上 $O = A_0$，$A = A_n$ であるとする．A_j の xy 座標は $\left(\dfrac{jr}{n}, 0\right)$ である．双曲長 $\overline{A_j A_{j+1}}$ は，

---

[2] $e = 2.718281828459\ldots$ をネイピア数といい，この e を底（てい）とする対数を自然対数と言って $\log x$ と書く．$y = \log x$ の定義は $x = e^y$ となるような y の値，の意味である．（e がハンパな数の上で，x や y もハンパな数になることを想定しているので $x = e^y$ とか言ってもピンとこないと思うが，一応ここでは $x = e^y$ と $8 = 2^3$ とをあまり区別しないで考えるのがよいと思う．）

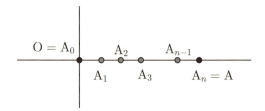

図 9.9 OA を n 分割する

A_j のところの縮尺で解釈すると，ユークリッド長 $A_j A_{j+1} = \dfrac{r}{n}$ の $\dfrac{2}{1-\left(\frac{jr}{n}\right)^2}$ 倍である．このことから，

$$\overline{A_j A_{j+1}} \sim \frac{2\left(\frac{r}{n}\right)}{1-\left(\frac{jr}{n}\right)^2} = \frac{2\left(\frac{r}{n}\right)}{1-r^2\left(\frac{j}{n}\right)^2}$$

である．この総和をとると

$$\begin{aligned}
\overline{OA} &= \overline{A_0 A_1} + \overline{A_1 A_2} + \cdots + \overline{A_{n-1} A_n} \\
&\sim \frac{2\left(\frac{r}{n}\right)}{1-r^2\left(\frac{0}{n}\right)^2} + \frac{2\left(\frac{r}{n}\right)}{1-r^2\left(\frac{1}{n}\right)^2} + \cdots + \frac{2\left(\frac{r}{n}\right)}{1-r^2\left(\frac{n-1}{n}\right)^2} \\
&= 2r\left(\frac{1}{n}\right)\left(\frac{1}{1-r^2\left(\frac{0}{n}\right)^2} + \frac{1}{1-r^2\left(\frac{1}{n}\right)^2} + \cdots + \frac{1}{1-r^2\left(\frac{n-1}{n}\right)^2}\right)
\end{aligned}$$
(9.4.1)

ここでこの右辺の式の $n \to \infty$ による極限を考えれば，双曲長 $\overline{OA}$ が求まると考えられる．（細かく切った長さの総和を考えて，切り方を極限まで細かくすることを考えている．）

ここで，積分についての次の基本公式を思い出そう．

命題 9.13（区分求積法） $f(x)$ を関数としたとき，

$$\int_0^1 f(x)dx = \lim_{n \to \infty} \frac{1}{n}\left(f\left(\frac{0}{n}\right) + f\left(\frac{1}{n}\right) + \cdots + f\left(\frac{n-1}{n}\right)\right)$$

である．

この公式を式 (9.4.1) に適用するためには $f(x)$ をどのようにおけばよいだろう

か？ 少し考えると，$f(x) = \dfrac{1}{1-r^2x^2}$ でよいことがわかる．このことから，

$$\overline{\mathrm{OA}} = 2r \int_0^1 \frac{1}{1-r^2x^2}\,dx$$

という計算式が得られる．この右辺を高校 3 年の積分の知識を用いて計算しよう．

$$\begin{aligned}\overline{\mathrm{OA}} &= 2r \int_0^1 \frac{1}{1-r^2x^2}\,dx \\ &= \int_0^1 \frac{-r}{rx-1} + \frac{r}{rx+1}\,dx \\ &= \int_0^1 \frac{-1}{x-1/r} + \frac{1}{x+1/r}\,dx\end{aligned}$$

ここで，公式 $\displaystyle\int_0^1 \frac{1}{x+a} = \log|1+a| - \log|a|$ を使うと

$$\begin{aligned}&= -\log\left|1-\frac{1}{r}\right| + \log\left|\frac{1}{r}\right| + \log\left|1+\frac{1}{r}\right| - \log\left|\frac{1}{r}\right| \\ &= \log\frac{1+r}{1-r}\end{aligned}$$

と結果が得られる[3]． $\square$

定理 9.12(2) の証明． まず，$\mathrm{A}(r,0)$, $\mathrm{B}=\mathrm{O}(0,0)$ として，$(\mathrm{X},\mathrm{Y},\mathrm{A},\mathrm{B}) = \dfrac{\mathrm{AY} \cdot \mathrm{BX}}{\mathrm{AX} \cdot \mathrm{BY}}$ を計算してみる．この場合，双曲直線 m は x 軸に他ならないから，$\mathrm{X}(1,0), \mathrm{Y}(-1,0)$ となる．したがって，

$$(\mathrm{X},\mathrm{Y},\mathrm{A},\mathrm{B}) = \frac{\mathrm{AY}\cdot\mathrm{BX}}{\mathrm{AX}\cdot\mathrm{BY}} = \frac{(1+r)\cdot 1}{(1-r)\cdot 1} = \frac{1+r}{1-r}$$

したがって，

$$\overline{\mathrm{AO}} = \log\frac{1+r}{1-r} = \log(\mathrm{X},\mathrm{Y},\mathrm{A},\mathrm{B})$$

となり，$\mathrm{A}(r,0), \mathrm{B}=\mathrm{O}(0,0)$ の場合には定理の等式が成立することが示された．

---

[3] 対数関数 log の公式として $\log\dfrac{a}{b} = \log a - \log b$, $\log 1 = 0$ を知っていれば，この式は導出できる．なお，$0 < r < 1$ がわかっているので，あえて絶対値 $|r-1|$ を $1-r$ に書き直した．

次は一般の場合であるが，文字の重複を防ぐために，一般の 2 点 A′, B′ を考え，A′, B′ を通る双曲直線 m' と理想円 S との交点を X′（A′ に近いほう），Y′（B′ に近いほう）とを考えることにする．

定理 9.3 により，ある合同写像 F が存在して，B′ は原点 O に，A′ は「x 軸の正の部分に」写すことができる．つまり，$F(B') = O$, $F(A') = A(r,0)$ とできる．ここでの r は最初の 2 点 A′, B′ の位置に依存して決まる定数であるが，ここでは $0 < r < 1$ であることがはっきりしていれば十分である．

このとき，直線 m' は $F(m')$ に写されるが，これは x 軸に他ならない．このことから，$F(X') = X(1,0)$, $F(Y') = Y(-1,0)$ が導かれる．

ここで，命題 4.12 を適用すると，

$$\overline{A'B'} = \overline{AB} \qquad (F \text{ は双曲長を保つ})$$
$$= \log(X, Y, A, B) \qquad ((1) \text{ の結果より})$$
$$= \log(X', Y', A', B') \qquad (\text{命題 4.12 より})$$

が得られ，証明は完了する． □

9.5　平行線角の定理（難）

線分の長さが厳密に求まると，有名な**平行線角の定理**（ロバチェフスキー・ボリャイの定理）を証明することができるようになる．定理の式を見ればわかる通り，ここでは対数関数・三角関数を用いた計算が現れるので，高校 3 年生の数学の知識が必要である．

定理 9.14　2 つの双曲直線 m, n が，代数的に平行であるとする．（すなわち，一方の理想点を共有しているものとする．命題 5.10 をみよ．）m 上の任意の点 A から n へ垂線をおろし，その垂線の足を B とする．また，角度 θ を図の通りであるとする（図 9.10）．このとき，

$$\overline{AB} = -\log \tan \frac{\theta}{2}$$

が成り立つ．

証明．図の A, B は（合同変換によって）双曲平面の自由な場所に置くことができるので，計算を簡単にするために xy 座標で $B(0,0)$, $A(0,r)$ であるとしよう．

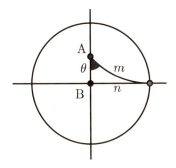

図 9.10 平行線角の定理

 双曲直線 n は x 軸と重なるものとして，双曲直線 m の中心を $C(X, Y)$，半径を R であるとしよう．（ただし $X > 0, Y > 0, R > 0$ とする．）

 n の理想点は $(\pm 1, 0)$ であるので，m, n が理想点を 1 つ共有しているという条件から，m は $X(1, 0)$ を理想点の 1 つとすると仮定する．このことから，

$$(1-X)^2 + (0-Y)^2 = R^2 \tag{9.5.1}$$

m が $(0, r)$ を通ることから

$$(0-X)^2 + (r-Y)^2 = R^2 \tag{9.5.2}$$

m が双曲直線であることから

$$X^2 + Y^2 = R^2 + 1 \tag{9.5.3}$$

AB と m のなす双曲角が θ であることからユークリッド直線 AC の偏角（傾きの角度）は θ となる（図 9.11）．したがって次の式を得る．

$$\mathrm{AC}\cos\theta = R\cos\theta = 1 \tag{9.5.4}$$

(9.5.1) と (9.5.3) からただちに $X = 1$ を得て，これを (9.5.3) に代入して $Y = R = \dfrac{1}{\cos\theta}$ を得る．

 これらを (9.5.2) に代入して，r についての 2 次方程式 $r^2 - \dfrac{2r}{\cos\theta} + 1 = 0$ を得て，これを解いて，（r が正で小さいほうをとって）

$$r = \frac{1-\sin\theta}{\cos\theta}$$

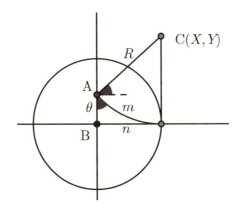

図 9.11 平行線角の定理

を得る. 定理 9.12(1) より, $\overline{\mathrm{AB}} = \log \dfrac{1+r}{1-r}$ であるから,

$$\overline{\mathrm{AB}} = \log \frac{1+r}{1-r}$$
$$= \log \frac{\cos\theta + 1 - \sin\theta}{\cos\theta - 1 + \sin\theta}$$

ここで, 倍角公式 $\cos\theta = \cos^2\dfrac{\theta}{2} - \sin^2\dfrac{\theta}{2}, \sin\theta = 2\sin\dfrac{\theta}{2}\cos\dfrac{\theta}{2}$ を代入して整理すると,

$$= \log \frac{\cos\dfrac{\theta}{2}(\cos\dfrac{\theta}{2} - \sin\dfrac{\theta}{2})}{\sin\dfrac{\theta}{2}(\cos\dfrac{\theta}{2} - \sin\dfrac{\theta}{2})}$$
$$= \log \frac{1}{\tan\dfrac{\theta}{2}}$$

$\log\dfrac{1}{a} = -\log a$ という公式を用いて

$$= -\log\tan\frac{\theta}{2}$$

よって定理は証明された. □

9.6 双曲三角法（難）

ユークリッド幾何学における三角形に余弦定理や正弦定理があったように，双曲幾何学においても余弦定理や正弦定理が存在する．その定理をここで紹介するが，三角関数のみならず双曲三角関数 $\sinh, \cosh, \tanh$ も現れるので，大学初年度程度の数学の知識が必要である．

9.6.1 双曲三角関数

双曲三角関数のうち，よく使われる 3 種類について説明する．

定義 9.15 ネイピア数（自然対数の底）を e とする．このとき，**双曲三角関数**を以下のように定める．

(1) $\sinh x = \dfrac{e^x - e^{-x}}{2}$ （「スィンチ」と読む）

(2) $\cosh x = \dfrac{e^x + e^{-x}}{2}$ （「コシュ」と読む）

(3) $\tanh x = \dfrac{e^x - e^{-x}}{e^x + e^{-x}}$ （「タンチ」と読む）

双曲三角関数について，三角関数 $\sin, \cos, \tan$ に似たような関係式が成り立つので紹介しておく．

命題 9.16 (1) $\cosh^2 x - \sinh^2 x = 1$

(2) $\tanh x = \dfrac{\sinh x}{\cosh x}$

(3) $1 - \tanh^2 x = \dfrac{1}{\cosh^2 x}$

(4) $\cosh 2x = \cosh^2 x + \sinh^2 x$

(5) $\sinh 2x = 2 \cosh x \sinh x$

注意 9.17 三角関数にはこの他にも加法公式や半角公式や和積公式がある．双曲三角関数にも同じような公式が存在しているが，すべてを書き出すと長くなるので，本書で現れそうな公式を中心に紹介した．ただし，次の命題は何度も現れるので，補題として特に扱っておく．

補題 9.18 $h = \tanh \dfrac{a}{2}$ とすると，以下が成り立つ．

(1) $\cosh a = \dfrac{1+h^2}{1-h^2}$

(2) $\sinh a = \dfrac{2h}{1-h^2}$

三角関数のほうでも $\tan\dfrac{t}{2}$ を用いて $\cos t$ や $\sin t$ を表す公式があり，積分の応用的な計算に用いられることを知っている読者もいるかもしれない．その公式の双曲版である．

簡単に証明しておく．

証明．

$$\frac{1+h^2}{1-h^2} = \frac{1+\dfrac{\sinh^2(a/2)}{\cosh^2(a/2)}}{1-\dfrac{\sinh^2(a/2)}{\cosh^2(a/2)}}$$

$$= \frac{\cosh^2(a/2)+\sinh^2(a/2)}{\cosh^2(a/2)-\sinh^2(a/2)}$$

$$= \frac{\cosh a}{1} = \cosh a$$

$$\frac{2h}{1-h^2} = \frac{2\dfrac{\sinh(a/2)}{\cosh(a/2)}}{1-\dfrac{\sinh^2(a/2)}{\cosh^2(a/2)}}$$

$$= \frac{2\cosh(a/2)\sinh(a/2)}{\cosh^2(a/2)-\sinh^2(a/2)}$$

$$= \frac{\sinh a}{1} = \sinh a$$

□

9.6.2 直角三角形に関する三角法

本項では，直角三角形に関する三角法を紹介する．

図 9.12 のような状況を考える．∠A, ∠B, ∠C をそれぞれ単に A, B, C と表記することにする．辺 BC, CA, AB の双曲長をそれぞれ a, b, c と表記することにする．

命題 9.19（直角三角形に関する三角法） 双曲三角形 ABC が $\angle C = \pi/2$ を満

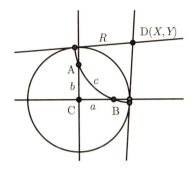

図 9.12　直角三角形の三角法

たすとき，以下が成り立つ．

(1) $\cosh c = \cosh a \cosh b$

(2) $\cosh a = \dfrac{\cos A}{\sin B}$

(3) $\sin A = \dfrac{\sinh a}{\sinh c}$

証明． (2) をまず証明する．xy 座標で A$(0, h)$, B$(k, 0)$ とし，辺 AB の中心を D(X, Y), 半径を R とする．

ユークリッド線分 AD の偏角（傾きの角度）は角 A と等しい．このことから，
$$X = R\cos A, \quad Y = h + R\sin A \tag{9.6.1}$$
が成り立つ．同じように B についても考えると
$$X = k + R\sin B, \quad Y = R\cos B \tag{9.6.2}$$
である．また，辺 AB は双曲直線であることから，
$$X^2 + Y^2 = R^2 + 1 \tag{9.6.3}$$
である．(9.6.1), (9.6.2) から $X = R\cos A, Y = R\cos B$ を取り出し，(9.6.3) へ代入すると，
$$R^2(\cos^2 A + \cos^2 B - 1) = 1 \tag{9.6.4}$$
を得る．次に (9.6.1), (9.6.2) から $X = R\cos A, X = k + R\sin B$ を取り出し X を消去すると，$k = R(\cos A - \sin B)$ を得る．ここで，定理 9.12(1) より

$$a = \log \frac{1+k}{1-k}$$
$$k = \frac{e^{a/2} - e^{-a/2}}{e^{a/2} + e^{-a/2}} = \tanh \frac{a}{2} \tag{9.6.5}$$

ここで (9.6.5) を 2 乗して，(9.6.4) を使って R^2 を消す計算をする．
$$\tanh^2 \frac{a}{2} = R^2(\cos^2 A + \sin^2 B - 2\cos A \sin B)$$
$$= 1 - 2\frac{\sin B}{\cos A + \sin B}$$

$\dfrac{\cos A}{\sin B}$ について解いて，

$$\frac{\cos A}{\sin B} = \frac{2}{\tanh^2 \dfrac{a}{2} - 1} - 1 = 2\cosh^2 \frac{a}{2} - 1 = \cosh a$$

よって，(2) は示された．

次に (1) を証明する．図 9.12 で，B と C の垂直二等分線 m を考え，図全体を m に関する反転写像 F_m で写す．すると，$F_m(\mathrm{B})$ が原点になるので，$F_m(\mathrm{A})$ を正確に計算できれば双曲長 BC が計算できることになる．m は中心が $\left(\dfrac{1}{k}, 0\right)$，半径が $\sqrt{\dfrac{1}{k^2} - 1}$ であるような円である．このことから

$$F_m(x, y) = \frac{\frac{1}{k^2} - 1}{(x - \frac{1}{k})^2 + (y - 0)^2} \left(x - \frac{1}{k}, y - 0\right) + \left(\frac{1}{k}, 0\right)$$

であって，計算を進めると

$$F_m(\mathrm{A}) = \left(\frac{k(h^2 + 1)}{1 + h^2 k^2}, \frac{h(1 - k^2)}{1 + h^2 k^2}\right)$$

となる．$F_m(\mathrm{A})$ と原点 $\mathrm{O} = F_m(\mathrm{B})$ とのユークリッド距離を g とすると，

$$g^2 = \frac{k^2(h^2 + 1)^2 + h^2(1 - k^2)^2}{(1 + h^2 k^2)^2}$$

である．さらに $\tanh \dfrac{c}{2} = g$ であり，これより $\cosh c = \dfrac{1 + g^2}{1 - g^2}$ を得るので，こ

れを計算して

$$\cosh c = \frac{(1+h^2k^2)^2 + k^2(h^2+1)^2 + h^2(1-k^2)}{(1+h^2k^2)^2 - k^2(h^2+1)^2 - h^2(1-k^2)}$$

$$= \frac{(1+h^2)(1+k^2)(1+h^2k^2)}{(1-h^2)(1-k^2)(1+h^2k^2)}$$

$$= \cosh a \cosh b$$

となり，(1) は証明された．

最後に (3) であるが，(2) より $\cosh a = \dfrac{\cos A}{\sin B}$ であり，A, B を交換して考えれば $\cosh b = \dfrac{\cos B}{\sin A}$ である．この 2 式から $\cos B$ と $\sin B$ を求めて $\cos^2 B + \sin^2 B = 1$ に代入して $\sin^2 A$ について整理すると

$$\sin^2 A = \frac{\cosh^2 a - 1}{\cosh^2 a \cosh^2 b - 1} = \frac{\cosh^2 a - 1}{\cosh^2 c - 1} = \frac{\sinh^2 a}{\sinh^2 c}$$

となり (3) も証明された． □

この命題により，第 8 章で紹介した Staudtian 面積に関する等式を示すことができる．

命題 9.20 一般の双曲三角形 ABC について，A から BC へおろした垂線の長さを h_a とし，B から CA へおろした垂線の長さを h_b とする．辺 BC の長さを a，辺 CA の長さを b とするとき，次の等式が成り立つ．

$$\frac{1}{2}\sinh h_a \sinh a = \frac{1}{2}\sinh h_b \sinh b$$

この式の値を **Staudtian 面積** と言って $n(\text{ABC})$ と表記する．

証明． 図 9.13 において，三角形 ADC は直角三角形なので，

$$\sin C = \frac{\sinh \overline{\text{AD}}}{\sinh \overline{\text{AC}}} = \frac{\sinh h_a}{\sinh b}$$

である．同じように三角形 BEC は直角三角形なので，

$$\sin C = \frac{\sinh \overline{\text{BE}}}{\sinh \overline{\text{BC}}} = \frac{\sinh h_b}{\sinh a}$$

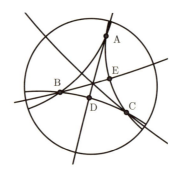

図 9.13　Staudtian 面積の導出

である．この 2 式よりただちに $\dfrac{1}{2}\sinh h_a \sinh a = \dfrac{1}{2}\sinh h_b \sinh b$ を得る．　□

9.6.3　双曲余弦定理

命題 9.21（双曲余弦定理）　一般の双曲三角形 ABC について以下が成り立つ．

(1) $\cos C = \dfrac{\cosh a \cosh b - \cosh c}{\sinh a \sinh b}$

(2) $\cosh c = \dfrac{\cos A \cos B + \cos C}{\sin A \sin B}$

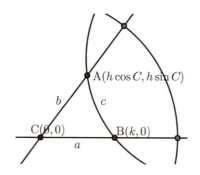

図 9.14　双曲余弦定理

証明はおおむね一本道なので，正確に計算できればゴールにたどり着くことができる．この証明で特徴的なことは，図 9.14 において，辺 AB の形状についての計算を行わないということである．この証明に必要なものは 3 つの頂点の座標と，

角 C だけである.

証明. 図にあるように, $A(h\cos C, h\sin C)$, $B(k,0)$, $C(0,0)$ であるとする. ここで, ユークリッド長 $AC = h$, $BC = k$ であるとしている. この 2 辺の双曲長をそれぞれ b, a としているが, 前の項で示したように,

$$h = \tanh\frac{b}{2}, \quad k = \tanh\frac{a}{2}$$

である. 辺 AB の長さは前の項と同じ反転写像

$$F_m(x,y) = \frac{\frac{1}{k^2} - 1}{(x - \frac{1}{k})^2 + (y-0)^2}\left(x - \frac{1}{k}, y - 0\right) + \left(\frac{1}{k}, 0\right)$$

を用いて計算する. この反転写像により $F_m(B) = C, F_m(C) = B$ である. $F_m(A)$ を計算すると,

$$F_m(A) = \frac{\frac{1}{k^2} - 1}{(h\cos C - \frac{1}{k})^2 + (h\sin C - 0)^2}\left(h\cos C - \frac{1}{k}, h\sin C - 0\right)$$
$$+ \left(\frac{1}{k}, 0\right)$$
$$= \left(\frac{-(1+k^2)\cos C + k(1+h^2)}{1 - 2hk\cos C + h^2k^2}, \frac{(1-k^2)h\sin C}{1 - 2hk\cos C + h^2k^2}\right)$$

である. このことから, 原点 $O = F_m(B)$ と $F_m(A)$ との間のユークリッド長を g とおくと, $g = \tanh\frac{c}{2}$ であって,

$$g^2 = \frac{\{-(1+k^2)\cos C + k(1+h^2)\}^2 + \{(1-k^2)h\sin C\}^2}{(1 - 2hk\cos C + h^2k^2)^2}$$
$$= \frac{(1-k^2)^2 h^2 + k^2(1+h^2)^2 - 2(1+h^2)(1+k^2)hk\cos C + 4h^2k^2\cos^2 C}{(1 - 2hk\cos C + h^2k^2)^2}$$

である. この式を $\cosh c = \dfrac{1+g^2}{1-g^2}$ に代入する ($\cos C$ についての式と思って因数分解をするとよい) と,

$$\cosh c = \frac{(2hk\cos C - (1+h^2k^2))(4hk\cos C - (1+h^2)(1+k^2))}{(2hk\cos C - (1+h^2k^2))(1-h^2)(1-k^2)}$$
$$= \frac{4hk\cos C - (1+h^2)(1+k^2)}{(1-h^2)(1-k^2)}$$
$$= \cosh a \cosh b - \sinh a \sinh b \cos C$$

となり，これより $\cos C = \dfrac{\cosh a \cosh b - \cosh c}{\sinh a \sinh b}$ を得る． □

演習問題 9.2 (2) の式は次のような手順で示される．まず，$\sin^2 C = 1 - \cos^2 C$ に双曲余弦定理を代入することにより，sin を cosh, sinh に関する式で書ける．次に (2) の右辺の式をこの式と双曲余弦定理によりすべて cosh, sinh に関する式へと書き直して，それを計算することにより導出できる．実際に導出してみよ．[5] に計算経過が書かれている．

9.6.4　双曲正弦定理

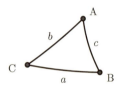

図 9.15　双曲正弦定理

命題 9.22（双曲正弦定理）　一般の双曲三角形 ABC について以下が成り立つ（図 9.15）．

$$\frac{\sinh a}{\sin A} = \frac{\sinh b}{\sin B} = \frac{\sinh c}{\sin C}$$

演習問題 9.3　この式は $\dfrac{\sinh^2 a}{\sin^2 A} = \dfrac{\sinh^2 a}{1 - \cos^2 A}$ に双曲余弦定理を代入して計算することにより，A, B, C に関して対称的な（A, B, C を入れ替えても式の形が変わらないような）式が得られ，このことから証明される．実際に証明してみよ．[5] に計算経過が書かれている．

9.6.5　その他の双曲三角法

双曲幾何学の場合，「直角五角形（＝すべての内角が直角であるような五角形」や「直角六角形（＝すべての内角が直角であるような六角形」に関する双曲余弦定理・双曲正弦定理も存在する．これらは紹介するにとどめるが，導出の詳細は [5] に書かれているので参照するとよい．

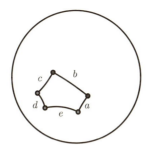

図 9.16 直角五角形

定理 9.23（直角五角形公式） 双曲五角形のすべての内角が直角であるような場合を考える．5 つの辺の双曲長を順に a, b, c, d, e とすると，

$$\sinh a \sinh b = \cosh d$$

が成り立つ（図 9.16）．

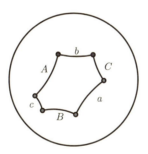

図 9.17 直角六角形

定理 9.24（直角六角形公式） 双曲六角形のすべての内角が直角であるような場合を考える．6 つの辺の双曲長を順に a, C, b, A, c, B とすると，以下の公式が成り立つ（図 9.17）．

(1)（正弦定理）

$$\frac{\sinh A}{\sinh a} = \frac{\sinh B}{\sinh b} = \frac{\sinh C}{\sinh c}$$

(2)　（余弦定理）
$$\cosh C = \frac{\cosh a \cosh b + \cosh c}{\sinh a \sinh b}$$

演習問題 9.4　直角五角形，直角六角形を作図してみよ．

第 10 章

三角形の面積

本章では三角形の面積の公式を導出しよう．本章にいたるまで「面積とは何か」ということは議論していないし定義もしていない．当面は面積とは「次のようなもの」と漠然と考えることにして，あとで積分を用いて正確に定義することにしよう．

定義 10.1（領域の双曲面積の暫定的定義） 領域 D の双曲面積を $A(D)$ と表記することにして，以下の 3 条件を満たすようなものとする．
(1) 双曲面積とは双曲平面に含まれる領域 D に応じて 0 以上の数を対応させるものであるとする．
(2) 領域 D_1 と領域 D_2 が境界でのみ共有点をもつとき，$A(D_1 \cup D_2) = A(D_1) + A(D_2)$ である．
(3) 双曲面積は合同写像によって変わらない．すなわち，任意の合同写像 F と任意の領域に対して，$A(D) = A(F(D))$ である．
(4) 領域が連続的に変形する場合（この言葉は数学的にあいまいであるので，読者が想起できるような連続的な変形に限定してもよい），$A(D)$ も連続的に変化する．

この条件だけでは双曲面積を 1 通りのものとして定めることはできない．あとで重積分を利用した定義を述べることにする．

10.1 理想三角形は互いに合同

まずは理想三角形というものを考え，この面積について論ずることにする．

定義 10.2 理想円の上の異なる 3 点 X, Y, Z に対して，3 つの双曲直線 XY, YZ, ZX で構成される図形を**理想三角形** XYZ と呼ぶ（図 10.1）．

注意 10.3 理想三角形は X, Y, Z を頂点とする三角形のように考えてもよい

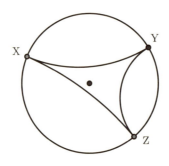

図 10.1　理想三角形

が，この場合のように理想円の上にある場合には普通の頂点と区別して**理想頂点**と呼ぶことにする．

　理想三角形の面積を厳密に求めることはあと回しにして，本節では任意の理想三角形は互いに合同であり，したがって双曲面積が等しいことを証明する．

命題 10.4　(1) 任意の 2 つの理想三角形 XYZ, X'Y'Z' は互いに合同である．
　　　(2) 任意の 2 つの理想三角形 XYZ, X'Y'Z' は面積が等しい．

証明．（1）（ステップ 1）理想円上の異なる 2 点 X, X' に対して，$F_m(X) = X'$ となるような双曲直線 m が存在することを作図で示す．

作図 10.1

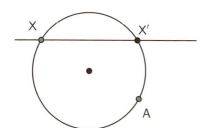

理想円上に X, X' のいずれとも異なる第 3 の点 A を描く．

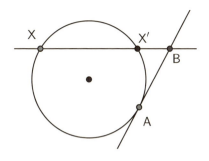

X, X′ を（ユークリッド）直線で結び，A における理想円の接線を引き，この 2 直線の交点を B とする．

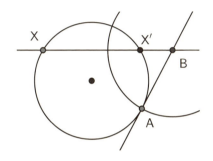

B を中心として点 A を通る円が求める双曲直線 m である．

この作図で求めるべきものが求まっている証明． まず，理想円上の点 A における接線を引き，その接線上に中心があるような円を描いているので，これは点 A で理想円に直交することが示される．したがって双曲直線が描かれる．

理想円に関する方べきの定理により，$BA^2 = BX \cdot BX'$ である．このことは，X と X′ とが半径 BA の円に関して反転像の位置関係にあることを示している．したがって，$F_m(X) = X'$ となる．

このように求められた F_m を用いることにより，2 つの理想三角形 XYZ, X′Y′Z′ が X = X′ を満たす場合に帰着することができる．

（ステップ 2：X = X′ の場合） X = X′ であることを仮定する．このときは，X を通る双曲直線 m であって，$F_m(Y) = Y'$ となっているものを求めればよい．この双曲直線はステップ 1 と同じ方法により得ることができる．この反転写像 F_m により $F_m(X) = X', F_m(Y) = Y'$ なので，2 つの理想三角形 XYZ, X′Y′Z′ が X = X′, Y = Y′ を満たす場合に帰着することができる．

（ステップ 3：X = X′, Y = Y′ で，Z, Z′ が双曲直線 XY に関して反対側にある場

合) $X = X', Y = Y'$ を満たす場合のうち，Z, Z' が XY に関して反対側にある場合をまず考える．この場合には，X, Y を通る双曲直線を m とし，$F_m(Z)$ を考えれば，$F_m(X) = X', F_m(Y) = Y'$ でありかつ $F_m(Z), Z'$ が双曲直線 XY に関して同じ側にあることになる．このことから次のステップへと帰着することができる．

(ステップ 4：$X = X', Y = Y'$ で，Z, Z' が双曲直線 XY に関して同じ側にある場合) 残った場合は Z, Z' が XY に関して同じ側にある場合である．この場合は以下の作図に従う．

作図 10.2

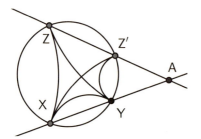

(ユークリッド) 直線 XY と直線 ZZ' を描く．その交点を A とする．

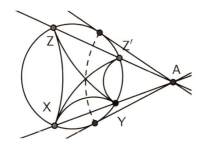

A を円の中心とするような双曲直線 m が求める双曲直線である．

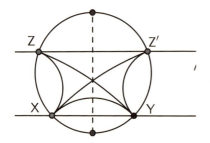

もし直線 XY と直線 ZZ' とがユークリッドの意味で平行ならば，この 2 直線に直交するような (理想円の) 直径が，求める双曲直線 m である．

この作図により得られる m に関する反転写像を F_m とすると，どちらの図の場合にも，$F_m(X) = Y$, $F_m(Y) = X$, $F_m(Z) = Z'$ である．このことから，理想三角形 XYZ を合同写像により別の理想三角形 X'Y'Z' に重ねることができることがわかる．（万が一，重ねる向きが逆であることが気にかかる読者は，作図 10.1 の方法で理想三角形 XYZ を一度裏返してから始めればよいことを確認してほしい．いずれにしろ，命題は正しいことが示される．）

(2) は (1) よりただちに従う． □

10.2　3 分の 2 理想三角形

つぎに 3 分の 2 理想三角形を定義する．これは 3 つの頂点のうち 2 つが理想頂点であるという意味でこのように呼ばれる．

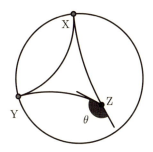

図 10.2　3 分の 2 理想三角形

定義 10.5　理想円の上の異なる 2 点 X, Y と双曲平面内の点 Z に対して，3 つの双曲直線 XY, YZ, ZX で構成される図形を **3 分の 2 理想三角形** XYZ と呼ぶ（図 10.2）．

命題 10.6　(1) 任意の 2 つの 3 分の 2 理想三角形 XYZ, X'Y'Z' は，Z の外角 θ と Z' の外角 θ' が等しいとき，互いに合同である．

(2)「理想三角形の面積を Π とすると，外角 θ の 3 分の 2 理想三角形の面積は $\dfrac{\Pi \theta}{\pi}$ である．

命題 10.6(1) の証明. 定理 9.3 の証明とほぼ同じことであるが，まずに合同変換によって XZ と X'Z' とを重ねる方法を与える．そのうえで，X = X' と Z = Z' であると仮定した場合の考察を行う．

作図 10.3 (XZ と X'Z' を重ねる方法)

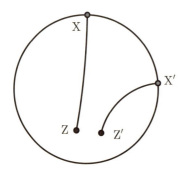

簡単のため，Y は描画せず，XZ と X'Z' のみを描画する．ただし X, X' は理想点であり，Z, Z' は双曲空間の点であるとする．

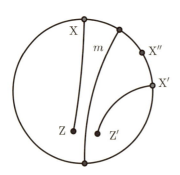

ZZ' の垂直二等分線 m を引くと，$F_m(Z) = Z'$ である．そこで，$F_m(X) = X''$ とする．

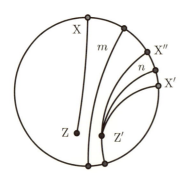

角 X''Z'X' の二等分線 n を描くと，$F_n(X'') = X'$ かつ $F_n(Z') = Z'$ である．

次は $X = X'$ と $Z = Z'$ であると仮定した場合について考える．もし，双曲直線 XZ に関して Y と Y' とが反対側にあったならば，Y を双曲直線 XZ に関する反転写像により写すことにより，最初から Y と Y' とは同じ側にあるとしてよい．

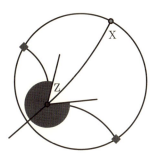

図 **10.3** $Y = Y'$ の証明

Z の外角 θ と Z' の外角 θ' が等しいという仮定より，Y, Y' は図 (10.3) の◆印の位置のいずれかになければならないが，Y と Y' とは同じ側にあるということから $Y = Y'$ であることが示される． □

命題 10.6(2) の証明．

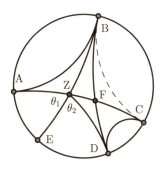

図 **10.4** 命題 10.6(2) の証明図

(1) の結果により，外角 θ の 3 分の 2 理想三角形の面積は θ の値によってのみ決まることがわかるので，その面積を $f(\theta)$ と表すことにする．

まず，$0 < \theta_1, 0 < \theta_1, \theta_1 + \theta_2 < \pi$ のときに $f(\theta_1) + f(\theta_2) = f(\theta_1 + \theta_2)$ であ

ることを示す．図 10.4 において，$\angle \text{AZE} = \theta_1$, $\angle \text{EZD} = \theta_2$ とする．すると
$$\triangle \text{ABZ} = f(\theta_1),$$
$$\triangle \text{DBZ} = f(\theta_2),$$
$$\triangle \text{CDZ} = f(\theta_1 + \theta_2)$$
である．ここで，命題 10.4 より $\triangle \text{ABC} = \triangle \text{DBC}$ であり，このことから，$\triangle \text{ABF} = \triangle \text{CDF}$ である．したがって，
$$f(\theta_1 + \theta_2) = \triangle \text{CDZ} = \triangle \text{CDF} + \triangle \text{DFZ}$$
$$= \triangle \text{ABF} + \triangle \text{DFZ}$$
$$= \triangle \text{ABZ} + \triangle \text{DBZ} = f(\theta_1) + f(\theta_2)$$
が成り立つ．ここで次の補題が成り立つ．

補題 10.7 連続な関数 $f(x)$ が $f(x+y) = f(x) + f(y)$ を満たすならば，ある定数 c があって，$f(x) = cx$ が成り立つ．

この補題の証明はここでは行わない（実は高校の数学の範囲では難しい問題[1]）である）が，直観的にはそれほど不思議ではないのではないだろうか．

面積についての内包的な定義の (4) にあるように，三角形を連続的に変形したときにその面積も連続的に変化するということから，$f(\theta)$ は θ に関して連続的に変化する．このことから $f(x)$ は連続な関数であるということができる．

ともかくこの補題を使うと，ある定数 c があって，$f(\theta) = c\theta$ と表される．

次に，θ が π に近づく場合を考える．3 分の 2 理想三角形 XBZ の Z の外角が $\pi = 180°$ に近づくということは，点 Z が理想頂点になるということに他ならない．Z が理想頂点になると，内角が 0 になるということから外角は π であると考えられる．したがって，θ を π へ近づけたときの極限は $f(\pi)$ であると考えられる．一方で理想三角形の面積は Π であると決めてあることから
$$f(\pi) = \Pi \Rightarrow c\pi = \Pi \Rightarrow c = \frac{\Pi}{\pi}$$
を得る．このことから外角 θ の 3 分の 2 理想三角形の面積 $f(\theta)$ は
$$f(\theta) = \frac{\Pi}{\pi}\theta$$

---

[1] 拙著『考える線形代数』[10] の章末問題には取り入れている．

であることがわかる. □

注意 10.8　最終的な面積公式は定理 10.13 に述べることにする.

10.3　三角形の面積

命題 10.9 (三角形の面積)　理想三角形の面積を Π とすると，三角形 ABC の面積は

$$\triangle \text{ABC} = \Pi - \frac{\Pi}{\pi}(\angle A + \angle B + \angle C)$$

である.

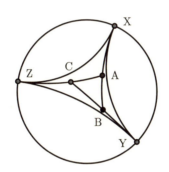

図 10.5　三角形の内角の和

証明.　双曲三角形 ABC の各辺を図のように延長するような双曲半直線を考え，その理想点を X, Y, Z と名前をつける. ここで，三角形 ABC の 3 つの内角をそれぞれ $\angle A, \angle B, \angle C$ と表すことにすると，三角形 XZA は外角 $\angle A$ の 3 分の 2 理想三角形である. 同じように考えて，三角形 XYB は外角 $\angle B$ の 3 分の 2 理想三角形であり三角形 YZC は外角 $\angle C$ の 3 分の 2 理想三角形である. また三角形 XYZ は理想三角形なのでその面積は Π である. 以上より,

$$\begin{aligned}\triangle \text{ABC} &= \triangle \text{XYZ} - \triangle \text{XZA} - \triangle \text{XYB} - \triangle \text{YZC} \\ &= \Pi - \frac{\Pi}{\pi}\angle A - \frac{\Pi}{\pi}\angle B - \frac{\Pi}{\pi}\angle C \\ &= \Pi - \frac{\Pi}{\pi}(\angle A + \angle B + \angle C)\end{aligned}$$

が得られる. □

注意 10.10 最終的な面積公式は定理 10.13 に述べることにする.

10.4　三角形の面積と内角の和（難）

ここまでは理想三角形の面積を Π として，一般的な三角形の面積を計算してきた．前の章で紹介した縮尺の比（および伝統的な縮尺）を用いて Π の値を厳密に求めてみよう．ただし，この計算には重積分が現れ，大学 1 年程度の数学の知識が必要である．それでは結論を定理として述べよう．

定理 10.11　理想三角形の面積は π である．

まず，双曲平面上の点 (x,y) の付近で，縦横 ε の正方形領域を考える．

図 10.6　微小正方形の面積

このユークリッド面積はもちろん ε^2 であるが，この微小領域の双曲面積をどのように考えればよいだろうか．命題 9.10 で求めたように，点 (x,y) の原点からの距離 $r = \sqrt{x^2+y^2}$ を用いて，

$$\frac{2\varepsilon}{1-r^2} \cdot \frac{2\varepsilon}{1-r^2} = \frac{4\varepsilon^2}{(1-r^2)^2}$$

である．このことから，双曲平面上の領域 D の双曲面積を求めるということは重積分の区分求積法[2]を用いて考えると，$r^2 = x^2+y^2$ に注意すれば

$$A(D) = \iint_D \frac{4\,dxdy}{(1-(x^2+y^2))^2}$$

ということになる．

演習問題 10.1　このように定義された双曲面積 $A(D)$ が定義 10.1 の 4 条件を

---

[2] このことについて勉強するには，大学の微分積分学の教科書を参照すること．たとえば拙著 [9].

満たすことを確認せよ．ただし，重積分の知識が必要なので重積分についてよく知らない読者は，微分積分学の教科書でまずこのことを学習してからのほうがよい．かつ，(3) を満たすことを示すことはやや難しい．

では，3 つの理想点 $(1,0),(0,1),(-1,0)$ を頂点とするような理想三角形を考え，この面積を求めることにする．

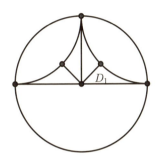

図 10.7　理想三角形の面積

この理想三角形を図 10.7 のように 4 つに分割して，その 1 つ D_1 の面積を求めることにする．この 4 つの領域は，直径という双曲直線に関して互いに対称の関係にあるので，それぞれの面積は等しいと考えられる．このことから 4 つに分割した領域の双曲面積の 4 倍が理想三角形の面積になると考えて計算しよう．

重積分による面積の公式では $dxdy$ という形の重積分で与えられていたが，これは極座標による重積分 $drd\theta$ による計算に置き換えたほうが計算が楽になる．

補題 10.12　(1) 領域 D_1 を極座標を用いて表示すると，
$$\left\{(r\cos\theta, r\sin\theta) \,\middle|\, 0 < \theta < \frac{\pi}{4}, 0 < r < \cos\theta + \sin\theta - \sqrt{2\cos\theta\sin\theta}\right\}$$
である．

(2) $\displaystyle\iint_D \frac{4\,dxdy}{(1-(x^2+y^2))^2} = \iint_D \frac{4r\,drd\theta}{(1-r^2)^2}$

証明．　(1) 極座標とは，xy 座標の (x,y) を，正の実数 r と $0 \leq \theta < 2\pi$ となる実数 θ を用いて $x = r\cos\theta, y = r\sin\theta$ と表すことである．この θ のことを点 (x,y) の偏角という．

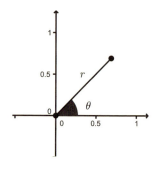

図 **10.8** 極座標

図 10.7 において D_1 を表す θ の範囲が $0 < \theta < \dfrac{\pi}{4}$ であることは図より読み取れる．θ を固定して考えたときの r の範囲を計算しよう．

偏角 θ であるような点の集まりは直線 $y = (\tan\theta)x$ になる．この直線と円弧 $(x-1)^2 + (y-1)^2 = 1$ との交点のうち，原点に近いものを求めればよい．特にこの場合には，$x = r\cos\theta, y = r\sin\theta$ とおいて，この点 (x,y) が $(x-1)^2 + (y-1)^2 = 1$ を満たすような r の条件を求めればよい．実際に，

$$(r\cos\theta - 1)^2 + (r\sin\theta - 1)^2 = 1$$
$$r^2 - 2(\cos\theta + \sin\theta)r + 1 = 0$$
$$r = \cos\theta + \sin\theta \pm \sqrt{2\cos\theta\sin\theta}$$

という手順で r が求まり，原点に近いほうということで $r = \cos\theta + \sin\theta - \sqrt{2\cos\theta\sin\theta}$ を考えればよいことになる．

(2) この式は重積分の変数変換の基本公式なので，標準的な微分積分学の教科書（たとえば [9]）を参照してもらいたい．　　□

さて，それでは D_1 の双曲面積を求めよう．式の簡単のために $f(\theta) = \cos\theta + \sin\theta - \sqrt{2\cos\theta\sin\theta}$ とおくと，求める面積は

$$\int_0^{\frac{\pi}{4}} \left(\int_0^{f(\theta)} \frac{4r\,dr}{(1-r^2)^2} \right) d\theta$$

である．このあとの式変形は

$$\int_0^{\frac{\pi}{4}} \left(\int_0^{f(\theta)} \frac{4r\,dr}{(1-r^2)^2} \right) d\theta = \int_0^{\frac{\pi}{4}} \left[\frac{2}{1-r^2} \right]_0^{f(\theta)} d\theta$$
$$= \int_0^{\frac{\pi}{4}} \left(\frac{2}{1-f(\theta)^2} - 2 \right) d\theta$$

$2\cos\theta\sin\theta = \sin 2\theta$ を代入すると

$$= \int_0^{\frac{\pi}{4}} \left(\frac{1}{-\sin 2\theta + (\cos\theta + \sin\theta)\sqrt{\sin 2\theta}} - 2 \right) d\theta$$

$0 < \theta < \frac{\pi}{4}$ では $\cos\theta + \sin\theta = \sqrt{1+\sin 2\theta}$ なので

$$= \int_0^{\frac{\pi}{4}} \left(\frac{1}{-\sqrt{\sin^2 2\theta} + \sqrt{\sin^2 2\theta + \sin 2\theta}} - 2 \right) d\theta$$

分母を有理化して約分すると

$$= \int_0^{\frac{\pi}{4}} \left(\sqrt{\frac{1+\sin 2\theta}{\sin 2\theta}} - 1 \right) d\theta$$

ここで第 1 項に $\sin t = 2\sin 2\theta - 1$ とおくことにより,$\cos t\,dt = 4\cos 2\theta\,d\theta$ であって

$$= \frac{1}{2} \int_{-\frac{\pi}{2}}^{\frac{\pi}{2}} \sqrt{\frac{\sin t + 3}{\sin t + 1}} \frac{\cos t\,dt}{\sqrt{(\sin t + 3)(-\sin t + 1)}} - \frac{\pi}{4}$$
$$= \frac{1}{2} \int_{-\frac{\pi}{2}}^{\frac{\pi}{2}} dt - \frac{\pi}{4} = \frac{\pi}{4}$$

$\frac{1}{4}$ の大きさの D_1 の双曲面積が $\frac{\pi}{4}$ であることから,理想三角形の双曲面積は π ということになる.

演習問題 10.2 上の計算を検算せよ.

理想三角形の面積が求まったので,三角形の面積を正確に求めることができるようになった.

定理 10.13 (1) 外角が θ であるような 3 分の 2 理想三角形の面積は θ である.
(2) 三角形 ABC の面積は

$$\pi - (\angle A + \angle B + \angle C)$$

である.

第 11 章

幾何とは何か

11.1 メタ幾何学へのお誘い

さて，長きにわたり作図を中心として双曲幾何学を勉強してこられた読者の皆様は，双曲幾何学という独特な幾何学をすっかり身に着けていただけたのではないかと思う．

そうしたうえで，以下の議論にお付き合いいただきたい．読者の中で，まだ今ひとつ双曲幾何学が自分のものになっていないかもしれないと不安のある方は，もう一度戻っていただいて，自信をつけてから本章へおいでいただきたい．

このように念を押す理由は，本章では「双曲幾何学とはどのような幾何学であるか？」というようなことを語るのではなく，「そもそも幾何学とはどのようなものであるべきか」を議論しようという，いわゆる「メタ認知」ならぬ「メタ幾何学」を論じようとしているからである．

メタ幾何学的な観点から本書の流れをおさらいしよう．本書における定義の順番は次の通りである．

- 双曲平面 U を定義（定義 5.1）．
- 双曲直線を定義（定義 5.5）．
- 双曲角を定義（定義 5.11）．
- 双曲合同写像を定義（定義 7.6）．
- 双曲長を「合同写像によって保たれるもの」として定義（定義 7.4）．

定義したのはここまでである．強いて言えば「原点 O における伝統的な縮尺として $1:2$ を採用する」というのも幾何学の定義に含めることもできる．（$1:2$ という数字を変えると，双曲長や三角形の内角の和の公式の係数がすべて変わってくる．）

双曲平面と双曲直線を定義したあたりでは読者の皆様はまだ初々しい双曲幾何学入門者で「定義とはそういうもの」ということで受け入れられたものと信ずるが，第 1 章で述べたように，双曲幾何学とはそもそも長い間その存在すら知られず，ポアンカレディスクモデルにしても 19 世紀後半になって人為的に構成されたシロモノである．時代が時代なら「双曲平面と双曲直線をコレコレと定義すればあとはうまくいきますよ」などと誰も教えてくれるわけではない．それならば「なぜこのように双曲平面と双曲直線を定義すればあとはうまくいくのか」という疑問を読者はもたなかっただろうか？ いや，第 5 章を読んだときには思わなかっただろうが，今このような疑問をもってもらいたい．

ユークリッド幾何学が公準から成り立っていたように，我々も双曲幾何学を公準から構成させることを目指してみよう．

11.2　直線と長さはタマゴとニワトリの関係

そもそも直線とは何かを考えてもらいたい．「直線とはマッスグな線」というのが自然な解答だろう．だが，それでよいだろうか？ マッスグとは何か？ という問題があるのではないだろうか？

双曲直線とは理想円に直交するような円または直線であった．円なのに「マッスグと思え」とはあまりに無謀だったろうか？ 百歩ゆずって円もマッスグだと心の目で思い込むことにしたとしても，「なぜ，理想円に直交する円はマッスグで，それ以外の円はマッスグではないか？」という問いに我々はどのように答えたらよいのだろうか．まともに答えるには我々には知識が不足しているとしか言いようがないことがわかるだろう．それはどのような知識なのだろうか？

ここで「マッスグとは 2 点の間を最短の長さの経路で結んだもの」とすればよいのではないかと考える読者もいるかもしれない．それはとても自然で正しい．しかし実はあっという間に循環論法に陥ってしまうのだ．会話風にこのロジックを説明しよう．

A「マッスグとは 2 点の間を最短の長さの経路で結んだもの．」
B「経路の長さとは何か？」
A「経路を微小な部分に分割して，その長さを加えたもの．」
B「微小な部分の長さはどのように決まるか？」

A「微小な部分を線分とみなしてその長さで決める．」
B「微小な部分を線分とみなすためにはどうするのか？」
A「微小な部分をマッスグに結ぶ．」
B「マッスグとは何か？」
　（以下，会話の最初に戻る）

これでは笑い話ではないか．

　本書における直線や長さの扱いをもう一度復習しよう．双曲直線とは「天から降ってきた」定義を採用したようなものである．著者がそう言っているのだからきっとうまくいくのだろうというようなノリであった．

　一方で，長さは「合同変換によって保たれるような2点間の何か」として定義した．こんなことを言われたところで，具体的な計算がすぐにできるわけではないことは百も承知だが，「線分の長さ」というものが定義されるとしたらこのような性質を満たすはずだろうというようなものである．

　合同変換の定義は「理想円に直交する円に関する反転写像，またその合成写像」であった．この定義の中には双曲直線らしき概念は現れるが，双曲直線の定義を直接用いているわけではない．

　そこで，「長さとは，合同変換の定義から導出されたものである」ということを確認してほしい．実は次のような定理が成り立つことが知られている．この定理によれば，「直線とは，長さの定義から導出されたものである」ということができる．

定理 11.1　双曲長の定義が定義 7.4 の通りとしたとき，最短を与えるような経路は「理想円に直交する円」である．

　この定理の証明は本書では行わない．というのは，この定理を理解するためには「経路」，「経路の長さ」についてまず理解しなければならず，これは大学の数学科に進んで3年生くらいで習う内容だからである．そのような方法論に進むことは本書の意図ではない．（谷口他 [5] など，スタンダードな双曲幾何学の教科書には書かれているので興味ある読者は調べてみるとよい．）ただし，事実として読者は知っておいてもらいたい．

演習問題 11.1　このような難しい理論によらず，初等幾何的に双曲直線がマッスグであることを主張できないだろうか．たとえば曲線 C が，「C の任意の点 $x \in C$ に対して x を中心として C が点対称な図形である」という性質を満たすとき，C はマッスグだと言えないだろうか？

ここまでの経緯をまとめておこう．

双曲直線の定義を最初に行わず，双曲合同変換の定義（＝理想円に直交する$\overset{\frown}{\text{円}}$に関する反転写像とその合成写像）を公準として，双曲幾何学は構築できるだろうか．

第 1 に「双曲平面の各点における縮尺の比」を求めることができる．命題 9.10 の議論は双曲円の議論を用いているが，要するに O における 2 点間の距離（のユークリッド長から見た縮尺）と $A(r,0)$ における 2 点間の距離の比を求めるという意味であって，双曲直線の定義を使っているわけではないことに注意しよう．

次に「双曲平面の 2 点間の距離」が式で表せる．双曲空間における縮尺の比が求まれば，積分を用いてユークリッド線分 OA の双曲長を求めることができる．

第 3 に「双曲直線とは何か」を定義できる．ここで定理 11.1 の結果を認めれば，2 点間の最短経路が「理想円に直交する$\overset{\frown}{\text{円}}$」であることを示すことができて，ここで循環論法を起こさずに直線を定義することができる．

11.3 角度から等質空間へ

こう考えてくると「双曲空間，双曲合同」という公準は筋がよいようだという感触が得られる．そこで双曲角度についても考えておこう．

長さを内包的に定義したのと同様に，角度も内包的に定義してはどうだろうか．

定義 11.2（内包的な双曲角の定義の案） 双曲角 $\angle ABC$ を次の公理によるものとする．
(a) 一般に $\angle ABC$ は 0 以上 π 以下である．さらに双曲直線上に A, B, C がこの順に並んでいるとき，$\angle ACB = 0$ であり，$\angle ABC = \pi$ である．
(b) 一般に $\angle ABC = \angle CBA$ である．
(c) 一般に角 ABC の内側に D があるとき，$\angle ABD + \angle DBC = \angle ABC$ である．
(d) 合同変換により角は保たれる．

一例ではあるが，このように角度を内包的に定義した場合，これは僕たちの知っている双曲角と一致するだろうか？（ユークリッドの原論では「直角はいつでも等しい」という公準があったことを考えると，別の角度の定義の仕方もあるかもしれないが，ともかくこのように考えてみる．）

演習問題 11.2 一度は上の双曲角の定義の案が，定義として成立するかどうか，また我々の知っている双曲角と一致するかどうかを考えてみよ．

本書ではこれ以上細かい説明には立ち入らないが，結論だけを言うと，こうやって定義される角度は定義 5.11 の双曲角とおおむね同じものになることが知られている．

こうやって考えてみると，「双曲空間，双曲合同」という公準から双曲幾何学を始めて，双曲直線・双曲角・双曲長を導出することができることがわかる．このことは「できるだけ少ない原理原則から始める」という観点から見てなかなか良いのではないかということになる．まとめると次のようになる．

(公準：双曲合同とは理想円に直交する円弧に関する反転写像，およびその合成写像であるとする．)
(定義：縮尺) 双曲合同により決まる各点ごとの縮尺．
(定義：長さ) 縮尺比を区分求積法で積分したような量を長さと呼ぶ．
(定義：直線) 2 点間の最短経路を直線とする．
(定義：角度) 内包的に定められた，双曲合同により値が変わらないような角度．

数学には，「空間，合同写像」という枠組みで幾何学を考えた概念があり，これを一般的に**等質空間**と呼ぶ．正確な定義のためには大学の数学科の上級学年で習うようなことがらを知る必要があり，ここでは参考書を挙げるにとどめておく（熊原 [4]）．

このように考えてみれば，双曲幾何学は等質空間の 1 種類であり，等質空間は双曲幾何学を一般的な枠組みでとらえたものと考えることができる．小島 [3] の中では，「幾何学とは空間と変換群との組み合わせで決まるものである」と書かれている．ここでいう変換群が我々にとっての合同写像の集合のことであり，この教科書においても幾何学を空間と合同写像のセットで考えていることがわかる．

11.4　2 つの幾何学が等しいとは

ここまで考えてくると，「2 つの幾何学が等しい」という言葉の意味が少しわかるのではないだろうか．

2 つの幾何学 A と B とがあったとする．それぞれの幾何学は上で述べたように「A の空間，A の合同写像」と「B の空間，B の合同写像」と表されている．もし，A の空間と B の空間が一対一に完全に対応している（全単射）であり，かつ A の合同写像と B の合同写像が一対一に完全に対応している（同変全単射）をも

つならば，幾何学 A と B とは同じ幾何学だと考えることができる．

　ここで断りなく使った「同変」という言葉について専門的にならないように少しだけ説明しよう．A の合同写像と B の合同写像が同変で対応しているというのは，要するに A での点の写し方と B での点の写し方が対応しているということなのである．A の空間と B の空間が一対一に完全に対応していることから，A での写し方というのは自然と B の写し方を示唆していることになるが，そのような観点を含めて A の合同写像と B の合同写像が対応していることを「同変」というのである．

　第 1 章の最後のほうで，双曲幾何学にはいくつものモデルがあることを紹介した．多くの双曲幾何学の教科書であれば，ポアンカレディスクモデルかまたは上半平面モデルが紹介されているだろう．小島 [3] には双曲面モデルとクラインモデルが，寺阪 [6] には球面モデルが紹介されているが，これらは互いに全単射で写りあう関係にある．小島 [3] にはその説明も記されているので，興味ある読者は調べてみるとよいだろう．

11.5　リーマン幾何学からのアプローチ

　リーマン幾何学とは 19 世紀半ばにリーマン（1826–1866）によって提唱された幾何学であるが，リーマン幾何学はユークリッド幾何学・双曲幾何学といった幾何学をはるかに凌駕する広くて豊かな幾何学世界を提供した．本書でそのすべてについて語ることは到底できないが，現在において「微分幾何学」というタイトルで勉強できる内容がこれにあたる．

　リーマン幾何学の立場から双曲幾何学を語ることもできる．そのことについて少し触れておこう．

　第 9 章では，双曲平面の縮尺比を求めようということで，双曲平面 U を地図に見立てて各点ごとの部分的な縮尺を考えるということを行った．この考え方がリーマン幾何学の第一歩である．

　リーマン幾何学では**計量**という考え方が基本になる．本書における縮尺比が，リーマン幾何学における計量にあたる．リーマン幾何学ではより広い観点から「縦方向の縮尺比と横方向の縮尺比」のようなものまで考えるのであるが，本書では簡単に各地点における縮尺は縦方向でも横方向でも等しいものと仮定して，その縮尺比を双曲円を用いて計算したのであった．

リーマン幾何学的な発想からすると，

(公準) 縮尺 = 計量 = 原点から r 離れた地点での縮尺は $1 : \dfrac{2}{1-r^2}$ になる．

を公準とし，

(定義：合同写像) 縮尺比を保つような写像を合同写像と呼ぶ．
(定義：長さ) 縮尺比を区分求積法で積分したような量を長さと呼ぶ．
(定義：直線) 2 点間の最短経路を直線とする．
(定義：角度) 余弦定理により角度を定める．

という手順で幾何学を構成していくのである．ここで余弦定理により角度を決めるという点はこれまで説明したことがなかったので，少しだけ補足しておく．

ある地点においての縮尺がわかったとする．その地点での微小な三角形 ABC を考えるのである．長さに関する縮尺がわかっているので，(地図上のではない実際の) 長さ $\overline{AB}, \overline{BC}, \overline{CA}$ がわかることになる．そのとき，∠BAC を

$$\cos \angle \text{BAC} = \frac{\overline{AB}^2 + \overline{CA}^2 - \overline{BC}^2}{2\overline{AB} \cdot \overline{CA}}$$

という式によって定義するという考え方である．この式が，ユークリッド三角法における余弦定理の形をしているので，このように称するのである．

我々の双曲幾何学の場合においては，線分の向きにかかわらず縮尺は一定であるとしているので，微小な三角形 ABC については $\overline{AB} = \dfrac{2}{1-r^2}\text{AB}$，$\overline{BC} = \dfrac{2}{1-r^2}\text{BC}$，$\overline{CA} = \dfrac{2}{1-r^2}\text{CA}$ のように考えられ，これらを代入することにより，ユークリッド角 = 双曲角が導出されることになるのである．

なお，リーマン流の幾何学の導入方法によれば，双曲平面の「曲面としての曲がり具合 = ガウス曲率」も計算することができる．読者は第 1 章で紹介したガウス曲率を覚えておられるだろうか．ユークリッド平面のガウス曲率は一定で 0 であり，半径 r の球面のガウス曲率は一定で $\dfrac{1}{r^2}$ であった．実は計量 = 縮尺比からリーマン流に双曲幾何学を構成すると，その曲率は一定で -1 になる．このことはリーマン幾何学を勉強する学生にとっての基本的な練習問題であるので興味ある読者は勉強してみるとよい．

18 世紀にサッケリは「半径 $\sqrt{-1}$ の球があれば，非ユークリッド幾何学が構成できるのだが」と言ったが，実はポアンカレディスクモデルで考えている計量こそが，半径 $\sqrt{-1}$ の球に相当していたのだということが，ここになってわかるのである．

11.6　おわりに—幾何学は無矛盾か？

ここまで双曲幾何学について学習し，また幾何学とは何かという問題について視野を広げることができたのではないかと思う．しかしここまでで解かれていない問いがあった．

問い「幾何学は無矛盾か？」

ポアンカレは双曲幾何学のモデルを作った．他にもベルトラミやクラインといった数学者たちも双曲幾何学のモデルを構成した．このことは第 1 章の最後のところで述べた．しかし，これらのモデルが**どこまで行っても破綻しない保証**はあるのだろうか？

「クレタ人はうそつきだ」とクレタ人が言ったとすると，この発言は正しい発言か誤った発言かを決定できないというパラドックスは古くから知られていた．「クレタ人」を集合の考え方で規定することは数学的に問題ない．特定の集団の人が「うそつき＝いつも正しくないことをいう」ということは論理学の思考実験としても数学の思考実験としても問題ない．「クレタ人はうそつきだ」と他の人が言えば，これも何の問題もない．つまり，1つ1つの言葉は論理学・数学から見た瑕疵はないのに，全体としては矛盾を起こしてしまっている．そこが問題なのである．

このことから，これまで説明してきたように双曲幾何学を考えた場合，「何か途中から不都合が起こって説明できなくなること」は絶対ないのか？　という疑問が起こるのである．

いや，それを言うのなら，そもそもユークリッド幾何学だって矛盾が含まれていない保障はあるのだろうか？　ということにもなる．ユークリッド幾何学が提唱されて 2000 年以上も研究者がひねくり回しても矛盾は現れなかった——から矛盾はないということにはならないのは当然である．

この根源的で困難な問題に解答を与えたのはヒルベルト (1862–1943) である (ヒルベルト [2])．彼は幾何学においてまったくのゼロベースから矛盾を含まない

公理を再構築することを試みたのである．その詳細は彼の著書である『幾何学基礎論』をお読みいただきたい．

ヒルベルトは自分の幾何学の公理をユークリッド幾何学が満たすことからユークリッド幾何学には矛盾が含まれないことを示した．**だから**ユークリッド幾何学は無矛盾なのである．

では双曲幾何学はどうか．これはポアンカレらのモデル理論があることから説明することができる．その説明のためにはさらにいくばくかの議論をする必要があるが，キーワードだけを述べておくことにしよう．双曲幾何学を 3 次元で考えたものを 3 次元双曲幾何学と呼ぶが，この幾何学にも双曲平面と同じようにポアンカレディスクモデルなどのモデルが存在している．そのような 3 次元双曲幾何学にはホロ球という概念があり，そのホロ球の上ではユークリッド平面と同じ幾何学が成立するということが知られている．このことから，もし双曲幾何学に矛盾があると仮定すると，ホロ球の上のユークリッド平面にも矛盾があることになり，ヒルベルトの理論と辻褄が合わなくなる．したがって，双曲幾何学も無矛盾であることが示されるのである．

双曲幾何学についての長い旅の出発点を提示するというのが本書の役割であったが，いかがだっただろうか．双曲幾何学をより深く勉強してみたいという読者が現れることを強く期待しつつ，本書を閉じたいと思う．

関連図書

[1] 深谷賢治 著『双曲幾何』(現代数学への入門) 岩波書店, 2004.
[2] ヒルベルト 著, 中村幸四郎 訳『幾何学基礎論』ちくま学芸文庫, 2005.
[3] 小島定吉 著『多角形の現代幾何学 増補版』牧野書店, 1999.
[4] 熊原啓作 著『行列・群・等質空間』日本評論社, 2001.
[5] 谷口雅彦・奥村善英 著『双曲幾何学への招待―複素数で視る』培風館, 1996.
[6] 寺阪英孝 著『非ユークリッド幾何の世界 新装版』講談社ブルーバックス, 2014.
[7] 太田春外 著『はじめよう位相空間』日本評論社, 2000.
[8] 橋本義武 著『非ユークリッド幾何と時空』放送大学, 2015.

本書に現れる計算のすべてをサポートしているわけではないが，微積分，線形代数の教科書を挙げておく

[9] 阿原一志 著『考える微分積分』数学書房, 2012.
[10]   〃   著『考える線形代数 増補版』数学書房, 2013.

索引

Symbols
1 点を通り，与えられたベクトルに接する
　　　　双曲直線, 106
2 つの円のなす角, 46
2 点の中点を描く, 23
2 点を結ぶ直線を描く, 19
3 点を通る円, 35
3 分の 2 理想三角形, 177

欧文
GeoGebra, 15
GeoGebraTube, 18, 27
GeoGebra のインストール, 15
GeoGebra のコミュニティ, 17
GeoGebra のファイルの保存・共有, 26

Staudtian 面積, 167

xy 座標による反転写像, 52
xy 座標の 2 直線の交点, 38
xy 座標の 2 点を結ぶ直線, 37
xy 座標の平行線, 38
xy 座標平面における円, 36
xy 座標平面における直線, 36

あ行
円の反転写像による直線の像, 70
$\widehat{\text{円}}$, 37
円を描く, 20

か行
外心, 138
ガウス, 5
ガウスの定理, 8
角の二等分線, 131

球面三角形の内角の和, 4
球面モデル, 13
共通垂線, 135
共役, 41
虚部, 40

クラインモデル, 13

計量, 191

異なる 2 つの理想点を通る双曲直線, 102

さ行
作図による反転写像, 55
三角形の合同, 146
三角形の面積, 181
三辺相等合同条件, 147

実部, 40
写像, 52
重心, 138, 143

垂心, 138, 141
垂線, 130
垂線の足, 130
垂線の長さ, 130
垂線を描く, 27
垂直二等分線, 112
垂直二等分線を描く, 34

接する 2 円の反転像は接する, 72
接線を描く, 32
絶対値, 41
全単射, 62
線分を描く, 20

双曲円, 120

双曲円の接線, 125
双曲角度, 13, 99
双曲合同写像, 111
双曲三角関数, 163
双曲正弦定理, 170
双曲中点, 116
双曲長, 157
双曲長の内包的な定義, 111
双曲直線, 13, 87
双曲点, 86
双曲点対称, 117
双曲平面, 13, 86
双曲平面内の異なる 2 点を通る双曲直線, 104
双曲面積, 173
双曲面モデル, 14
双曲余弦定理, 168

■ た行
第 5 公準, 1
代数的平行線, 95

中心で決まる双曲直線, 100
直角五角形公式, 171
直角三角形に関する三角法, 164
直角六角形公式, 171
直交する円の反転像, 74

点列の収束, 60
点を描く, 18

等距離曲線, 150
等質空間, 190

■ な行
内心, 138, 139

二角夾辺, 149
二辺夾角, 149

■ は行
半直線を描く, 20

反転軸, 51
反転写像, 52
反転写像による円の像, 64
反転像, 51
反転による角度の保存, 76
反転による複比の保存, 82
反転の中心, 51

ヒルベルト, 193

複素座標による反転写像, 54
複素座標の 2 直線の交点, 45
複素座標の 2 点を結ぶ直線, 44
複素座標の円, 43
複素座標の直線, 43
複素座標の平行線, 45
複素数, 39
複比, 82

平行線, 91
平行線角の定理, 160
平行線公準, 2
平行線を描く, 30
ベクトル（有向線分）を描く, 20
ベルトラミモデル, 13

ポアンカレディスク, 86
ポアンカレディスクモデル, 13
方べきの定理, 47
ボリャイ, 10

■ ら行
リーマン, 12, 191
理想円, 86
理想三角形, 173
理想点, 86

連続, 61

ロバチェフスキー, 10

［著者紹介］

阿原 一志（あはら　かずし）
1992年　東京大学大学院理学系研究科博士課程数学専攻修了
現　在　明治大学総合数理学部先端メディアサイエンス学科 教授
　　　　博士（理学）
専　攻　数学（位相幾何学，数学教育）
著　書　『ハイプレイン』（日本評論社，2008年）
　　　　『大学数学の証明問題 発見へのプロセス』（東京図書，2011年）
　　　　『計算で身につくトポロジー』（共立出版，2013年）
　　　　『パズルゲームで楽しむ写像類群入門』（共著，日本評論社，2013年）他多数

作図で身につく双曲幾何学 ―GeoGebraで見る非ユークリッドな世界― Introduction to Hyperbolic Geometry with GeoGebra	著　者　阿原一志 © 2016 発行者　南條光章 発行所　共立出版株式会社 　　　　郵便番号 112-0006 　　　　東京都文京区小日向 4-6-19 　　　　電話　(03) 3947-2511（代表） 　　　　振替口座　00110-2-57035 　　　　URL http://www.kyoritsu-pub.co.jp/
2016 年 5 月 25 日　初版 1 刷発行 2024 年 5 月 1 日　初版 2 刷発行	印　刷 製　本　錦明印刷
検印廃止 NDC 414.8 ISBN 978-4-320-11116-5	一般社団法人 自然科学書協会 会員 Printed in Japan

JCOPY ＜出版者著作権管理機構委託出版物＞
本書の無断複製は著作権法上での例外を除き禁じられています．複製される場合は，そのつど事前に出版者著作権管理機構（TEL：03-5244-5088，FAX：03-5244-5089，e-mail：info@jcopy.or.jp）の許諾を得てください．

数学のかんどころ

編集委員会：飯高 茂・中村 滋・岡部恒治・桑田孝泰

① 内積・外積・空間図形を通して ベクトルを深く理解しよう
飯高 茂著・・・・・・・・・・120頁・定価1,650円

② 理系のための行列・行列式 めざせ！理論と計算の完全マスター
福間慶明著・・・・・・・・・・208頁・定価1,870円

③ 知っておきたい幾何の定理
前原 潤・桑田孝泰著・・・176頁・定価1,650円

④ 大学数学の基礎
酒井文雄著・・・・・・・・・・148頁・定価1,650円

⑤ あみだくじの数学
小林雅人著・・・・・・・・・・136頁・定価1,650円

⑥ ピタゴラスの三角形とその数理
細矢治夫著・・・・・・・・・・198頁・定価1,870円

⑦ 円錐曲線 歴史とその数理
中村 滋著・・・・・・・・・・158頁・定価1,650円

⑧ ひまわりの螺旋
来嶋大二著・・・・・・・・・・154頁・定価1,650円

⑨ 不等式
大関清太著・・・・・・・・・・196頁・定価1,870円

⑩ 常微分方程式
内藤敏機著・・・・・・・・・・264頁・定価2,090円

⑪ 統計的推測
松井 敬著・・・・・・・・・・218頁・定価1,870円

⑫ 平面代数曲線
酒井文雄著・・・・・・・・・・216頁・定価1,870円

⑬ ラプラス変換
國分雅敏著・・・・・・・・・・200頁・定価1,870円

⑭ ガロア理論
木村俊一著・・・・・・・・・・214頁・定価1,870円

⑮ 素数と2次体の整数論
青木 昇著・・・・・・・・・・250頁・定価2,090円

⑯ 群論, これはおもしろい トランプで学ぶ群
飯高 茂著・・・・・・・・・・172頁・定価1,650円

⑰ 環論, これはおもしろい 素因数分解と循環小数への応用
飯高 茂著・・・・・・・・・・190頁・定価1,650円

⑱ 体論, これはおもしろい 方程式と体の理論
飯高 茂著・・・・・・・・・・152頁・定価1,650円

⑲ 射影幾何学の考え方
西山 享著・・・・・・・・・・240頁・定価2,090円

⑳ 絵ときトポロジー 曲面のかたち
前原 潤・桑田孝泰著・・・128頁・定価1,650円

㉑ 多変数関数論
若林 功著・・・・・・・・・・184頁・定価2,090円

㉒ 円周率 歴史と数理
中村 滋著・・・・・・・・・・240頁・定価1,870円

㉓ 連立方程式から学ぶ行列・行列式 意味と計算の完全理解
岡部恒治・長谷川愛美・村田敏紀著・・・・・・232頁・定価2,090円

㉔ わかる！使える！楽しめる！ベクトル空間
福間慶明著・・・・・・・・・・198頁・定価2,090円

㉕ 早わかりベクトル解析 3つの定理が織りなす華麗な世界
澤野嘉宏著・・・・・・・・・・208頁・定価1,870円

㉖ 確率微分方程式入門 数理ファイナンスへの応用
石村直之著・・・・・・・・・・168頁・定価2,090円

㉗ コンパスと定規の幾何学 作図のたのしみ
瀬山士郎著・・・・・・・・・・168頁・定価1,870円

㉘ 整数と平面格子の数学
桑田孝泰・前原 潤著・・・140頁・定価1,870円

㉙ 早わかりルベーグ積分
澤野嘉宏著・・・・・・・・・・216頁・定価2,090円

㉚ ウォーミングアップ微分幾何
國分雅敏著・・・・・・・・・・168頁・定価2,090円

㉛ 情報理論のための数理論理学
板井昌典著・・・・・・・・・・214頁・定価2,090円

㉜ 可換環論の勘どころ
後藤四郎著・・・・・・・・・・238頁・定価2,090円

㉝ 複素数と複素数平面 幾何への応用
桑田孝泰・前原 潤著・・・148頁・定価1,870円

㉞ グラフ理論とフレームワークの幾何
前原 潤・桑田孝泰著・・・150頁・定価1,870円

㉟ 圏論入門
前原和壽著・・・・・・・・・・・・・・・・品 切

㊱ 正則関数
新井仁之著・・・・・・・・・・196頁・定価2,090円

㊲ 有理型関数
新井仁之著・・・・・・・・・・182頁・定価2,090円

㊳ 多変数の微積分
酒井文雄著・・・・・・・・・・200頁・定価2,090円

㊴ 確率と統計 一から学ぶ数理統計学
小林正弘・田畑耕治著・・224頁・定価2,090円

㊵ 次元解析入門
矢崎成俊著・・・・・・・・・・250頁・定価2,090円

㊶ 結び目理論
谷山公規著・・・・・・・・・・184頁・定価2,090円

（価格は変更される場合がございます）

www.kyoritsu-pub.co.jp　　共立出版

【各巻：A5判・並製・税込価格】